叫你們店長過來

@外食相談研究會／著　賴庭筠／譯
@葉宏基法律事務所／審訂

どうしてくれる!?
店長１万人のクレーム
対応術—37のトラブルか
ら学ぶクレーム対応術

本書是一本「點子集」——
以虛構連鎖餐廳客服部經理的角度，
說明許多餐廳會遭遇的客訴及其解決方法，
以提供更好的顧客服務。

序／「你們店長呢？」

當顧客這樣問，而服務生因為店長恰巧不在店裡，所以回答：「店長不在。」儘管這段對話看起來一點問題也沒有，卻可能引起軒然大波，這就是服務業第一線的現況。

或許服務生只是想告知「店長今天休假」這個事實，但顧客不會沒事找店長。這個答案有可能使顧客打電話到總公司抱怨：「你們公司也太隨便了吧，一間餐廳怎麼可以沒有店長？」

顧客會找店長，大多都是因為生氣到想要抱怨。如果服務生無法察覺這一點，只會讓顧客更加憤怒。

當顧客刻意詢問極為普通的問題，推敲其背後意義是服務顧客的訣竅之一。只要習慣將「為什麼顧客要問這個問題呢？」轉化為「有什麼事讓顧客不高興嗎？」，就能平息絕大部份的客訴。

「客訴」兩個字總是讓人害怕，但幾乎所有顧客都不是為生氣而生氣。只要我們站在顧客的角度想一想，不僅能大幅減少客訴，解決起來也會變得很簡單。

此外，我們不需要害怕客訴。以食物裡有頭髮為例——事實上，很少有顧客會抱怨食物裡有頭髮，若是無法接受，大部分顧客頂多就是默默決定再也不來消費。對顧客來說，一直找服務生抱怨，其實是件很麻煩的事。請大家千萬不要忘記，客訴等於顧客願意給我們寶貴意見，讓我們有「改進」的機會。

這本書集結了月刊《日經餐廳》裡的連載專欄——「你們要給我一個交代！客服部經理的奮鬥日記」。專欄內容是採訪「外食相談研究會」——由我們幾間大型連鎖餐廳的客服部經理組成的網絡，至今連載了七十回以上。截至二〇一一年九月為止，加盟「外食相談研究會」（簡稱外相研）的企業共有二十七間，總計約有一萬七千間分店。「外食相談研究會」的宗旨在於定期舉行研習會，思考服務顧客時最佳的應對方式，並互相切磋。

本書藉由虛構的客服部經理來為各位介紹服務顧客時遇到的問題，及其解決方法——這些都是各連鎖餐廳的真實經驗（但我們會稍微修改內容，避免大家把重點放在特定企業）。希望這些處理客訴的訣竅，對各位讀者有所助益。

外食相談研究會　秘書長　**森茂樹**

第一章

怎麼道歉才能讓顧客消氣？

所有的客訴，其實是顧客在要求我們想辦法處理！

第二章

保護業者與店員的危機管理守則
從法律面來思考如何處理客訴

審訂：中井淳律師（日），葉宏基法律事務所（台）

第三章

如何處理「異物」「污損」與「不適」

該用什麼態度面對客訴問題？

第四章 突如其來的客訴該如何接招

平時做好準備，不怕顧客來抱怨

第五章 沒有必要理會不合理的要求

學會三不：不害怕、不畏縮、不挑釁

第一章

怎麼道歉才能讓顧客消氣？

所有的客訴，其實是顧客在要求我們想辦法處理！

狀況題

被投訴到總公司客服部門！

因為處理不好而產生二次客訴

「那個○×店長的態度也太差了吧，你們到底是怎麼教的啊？」今天在店裡用餐的男性顧客打電話來抱怨，他的口氣非常惡劣。雖然店長是他打電話來抱怨的原因，但一開始他會生氣，是因為食物裡有塑膠片。

如果在顧客剛開始抱怨時應對欠佳，會讓顧客缺乏對店長、服務生的信任感，導致事情無法在店裡解決。這種情況，我們稱之為「二次客訴」。由於顧客處於情緒化的狀態，處理起來需要花費更多的時間。

當這位顧客告訴店長：「我的食物裡有塑膠片」，一般來說，應該要立刻道歉，並以最快的速度重做一份給顧客，或是退還餐點的費用。但店長A在應對上卻出現瑕疵。

店長A只說：「我去確認一下。」

A完全沒有道歉，只是到廚房裡確認，是否因為員工疏失而使塑膠片出現在餐點裡。他讓顧客等了十分鐘，最後向顧客報告：「由於廚房員工的疏失，導致您的餐點裡出現塑膠片。」他沒有惡意，但站在顧客的角度來看，這個店長完全沒有道歉，還淨說些沒有意義的話。重點是他讓顧客等了十分鐘後，竟然還把責任推給其他人。

最後，A表示願意退還餐點的費用，顧客收下費用便離開餐廳。當然囉，顧客的怒意一直沒有平息，才會打電話到客服部門。

「真的非常抱歉。」我決定隔天和A一起到顧客府上道歉。

Point 1

一開始沒有處理好顧客的情緒，只會讓對方更生氣。

重新學習「將心比心」

我和Ａ一同到顧客府上，道歉了三十分鐘，顧客最後終於說：「辛苦你們了。」儘管可以稍微安心，但問題並沒有完全解決。Ａ需要重新學習如何服務顧客。

我問Ａ：「你不覺得自己的處理方式有問題，對吧？」

「我只想快點解決問題，不知道對方為什麼這麼生氣……」Ａ答道。

「因為你忘了要『將心比心』。」我說。

「將心比心？」

「對。顧客到餐廳來，是為了放鬆、好好吃一頓飯，不是來抱怨的。然而卻發生一些事情，讓顧客不得不抱怨。儘管有些抱怨不合理，但餐廳這麼多，既然顧客選擇在我們這裡消費，只要讓顧客不高興了，一定要設身處地了解顧客的心情。」

「我明白了。」Ａ這才恍然大悟。我相信他已經體會到這次的二次客訴，起因於顧客感受到他的「真心話」——「這不關我的事」、「真是麻煩」。

面對客訴，可以依照下列步驟來解決：

①詢問顧客為什麼生氣。

←

②為顧客生氣的原因道歉。

←

③讓顧客接受店裡的處理方式。

←

④將客訴視為寶貴意見而非「抱怨」，向顧客表達謝意。

Point 2

將心比心能讓顧客冷靜下來，才能夠好好溝通。

我在和A分開之前說：「想要成為優秀的店長，一定要能體會顧客的心情。希望你趁這個機會好好想一想。」由於A還年輕，更期待他未來能有所成長。

據說某大型連鎖餐廳會召集不善處理客訴的店長，讓他們輪流扮演顧客與店長，以實戰的方式進行研習。我們很難站在客觀的角度觀察自己，但換成由其他人做同一件事，就能看得一清二楚。「觀察別人，反省自己」，是一種非常有趣的做法。

與顧客對話時，說和聽的比例1：9

「前陣子真是麻煩你了，謝謝你幫忙處理。」事情過後資深店長B帶著店長A來找我。B說：「快跟經理道謝！」A低頭便說：「給您添麻煩了。」「話雖如此，其實我之前也給經理添了許多麻煩。」B苦笑道。

B負責的分店很少有客訴。有一天，服務生接到客訴電話，忘了按保留鍵就大喊：「店長，有人打電話來抱怨。」顧客非常生氣，打電話到客服部抗議：「什麼叫作『打電話來抱怨』！」事情一發不可收拾。

「我知道處理客訴最重要的是將心比心，但我們該如何訓練員工呢？」B問。

「無論如何，都要先仔細聆聽顧客說的話。這樣對方才會覺得我們很誠懇。」

「嗯嗯，沒錯。」兩人頻頻點頭。

「某大型連鎖餐廳的客服部在總公司訓練新進員工時，強調『說』和『聽』的比例是1：9。如果顧客能言善道，甚至要以0：10的態度來應對（笑）。其實應對一點都不難。」

「嗯，重點就是要懂得聆聽。我會加油的！」A說。B聽到A這麼說也非常高興。相信A的分店之後會越來越好。

無論多委曲或不可置信，都要先仔細聆聽顧客說的話。

接到客訴電話時，第一句話決定顧客態度！

打電話來的顧客突然發飆？

下午一點過後，我們接到這麼一通電話。「貴公司平常是怎麼教育員工的？」接電話的是我的部下A子，她是新進的兼職客服專員。A子聽到這個問題，直接將研習時聽到的教育方針告訴對方：「我們希望為顧客帶來源源不絕的笑容與笑聲……」沒想到，顧客突然大罵：「那為什麼你們員工造成我的困擾，卻不願意道歉？」根據這位顧客的說法，他在某間分店點啤酒，足足等了十五分鐘，服務生卻連一句道歉的話都沒有，還很用力地把啤酒放在桌上。

A子此時發現這是一通客訴電話，便畢恭畢敬地為造成顧客不愉快而道歉，最後以

「我會請該名服務生親自向您道歉」來結束這通電話。在我視察分店回到公司後，A子向我報告這件事。她有些沮喪，「我只是回答他的問題，他為什麼要突然破口大罵呢？」

「你運氣比較差。但這個顧客提問的時候，語氣或語調是不是不太一樣呢？」

「嗯，當時他的確有點生氣、焦躁的感覺。」A子回答。

我建議她：「下次如果覺得提問的人有可能在生氣，可以在回答問題前反問『是不是有什麼我們需要改進的地方呢？』，這樣就能很快進入正題。」

顧客之所以暴怒，是覺得「你難道聽不出來我在生氣嗎？」，如果我們能在對方表達不滿前，先詢問「是不是有什麼我們需要改進的地方？」，顧客會覺得我們了解他的心情，而且設身處地為他著想。這樣一來，就能確實降低顧客破口大罵的風險。

Point 4

在顧客暴怒前，先反問「是不是有什麼我們需要改進的地方？」

一般來說，顧客會打電話到客服部抱怨，是屬於服務不周加上應對欠佳的二次客訴。能不能順利解決客訴，關鍵就在開始的一、兩句話。因為顧客會在很短的時間裡，判斷接電話的人是否值得信賴。

電話應對的訣竅對店內服務，以及解決一般客訴也很有幫助，因此我決定在店長會議上討論這件事。

展現誠意，四步驟處理客訴

在召開店長會議時，我向大家說明電話應對的訣竅：接到客訴電話的應對四步驟。

①**建立與顧客之間的信賴關係：**具備「將心比心」的態度，才能取得顧客信任。

②**詢問客訴內容：**展現理解顧客心情的誠意，仔細詢問導致顧客生氣的具體內容。

③**提出解決方法：**提出、說明解決問題的具體行動，像是「我會請該名服務生親自向您道歉」。

④**表達謝意：**向顧客表示，「感謝您的指教，讓我們有改善的機會」。

善用這四個步驟，顧客的心情通常都會平復不少。

Point 5

各步驟花費的時間，大致上是①10％、②60％、③20％、④10％。

電話應對最忌諱表現出事不關己的態度。我們一定要展現誠意，讓對方了解我們是認真地想解決他的問題。這些步驟又以①最為重要，我們必須在這個階段取得顧客的信任。其中，特別容易疏忽的就是「應和」的方式。

回應顧客的話，越豐富越好

某連鎖餐廳的客服部告訴新人，在聆聽對方說話時，不能連續用相同的方式應答超過三次。除了「是」、「好」，應和還有許多方式，像是「竟然發生這種事情……」、「真的非常抱歉」、「不知道怎麼說才能表達我們的歉意」等。應和的方式越豐富，越能讓對方感受到我們的誠意。

此外，我特別向店長們強調，道歉時一定要說「抱歉」、「對不起」，不能只說「不好意思」。許多年輕人不知道，「不好意思」這句話實在無法讓人感受到歉意。

Point 6

用不同的話回應顧客，讓對方覺得抱怨有被聽進去。

遇到反覆抱怨不肯掛電話的顧客

在一次研習會上，各連鎖餐廳的客服部經理討論到電話應對這件事。有位經理表示，曾經遇到對方不斷重複相同內容、遲遲不肯掛電話的情況。通常可以這樣表示：「佔用您寶貴的時間，真的很抱歉。只是我們繼續討論下去，恐怕短時間內也不會有共鳴，請容許我先幫其他在等待的顧客解決問題。」接著主動掛上電話。

談話時間以三十分鐘為宜。三十分鐘，已經足夠我們確認事情的始末。當然，若我們主動掛上電話，對方有可能會再撥電話過來。但是只要記住上述訣竅，相信最後都能讓對方結束電話。

顧客的「沒關係」，其實很有關係！

在結帳櫃台前火冒三丈的顧客

「對不起，真的很抱歉！」某個工讀生上菜時，不小心將杯子打翻在一位年約三十幾歲的男性顧客身上。工讀生拼命道歉，顧客說：「沒關係，只是水。」很快就原諒了這個工讀生。之後，工讀生安心地繼續工作，彷彿什麼事都沒有發生。

沒想到三十分鐘後，顧客卻在結帳時火冒三丈：「這間店是怎麼回事？你們工讀生把顧客衣服弄髒了，負責人也不會過來道歉！」店裡頓時鴉雀無聲。

店長連忙衝到結帳櫃檯前，不停低頭道歉。過了一會兒，顧客終於氣消離開，但不小心打翻杯子的那個工讀生，卻百思不得其解。

這種情況很常見。顧客說「沒關係」只是在安慰工讀生，不代表沒有放在心上。許多顧客會默默等待負責人主動致歉。然而，店裡卻沒有人注意到這件事……顧客只能抱著焦躁的心情繼續用餐，直到最後結帳時受不了了，在櫃檯前破口大罵。

某連鎖餐廳客服部經理A表示：「這種問題真的很常見。」因此該連鎖餐廳要求員工無論發生什麼問題，即使是芝麻綠豆的小事，也要向店長或該時段負責的人員報告。

許多員工會因為聽到顧客說「沒關係」、「不要放在心上」而鬆一口氣，覺得不需要處理。然而這樣一來，很容易引起上述問題。

A說：「我常常告訴他們，顧客的『沒關係』就是『有關係』，顧客的『不要放在心上』就是『給我放在心上』。」

容易引爆不滿的小細節

平時服務周到的員工，在處理客訴時很容易犯這一類錯誤：在聽顧客說話時，眼神飄忽不定。這在平常是好習慣，因為要隨時察覺哪位顧客的水杯已經空了，需要加水；但在處理客訴時，這個習慣會讓正在抱怨的顧客更憤怒，顧客會說：「專心聽我講話！」處理客訴時，一定要專注地看對方的眼睛。

此外，或許在女性顧客、女性員工比較多的咖啡館才有這種情況。許多女性員工，即使是資深員工，沒事就會碰觸自己的臉還有頭髮，有可能導致顧客抱怨店裡不注重衛生。加上近幾年新型流感的問題，讓顧客變得比較敏感。建議站著的時候可以用左手蓋住右手，雙手交疊在前方，看起來比較莊重。

Point 7 顧客喜歡應對時眼神直視、保持手部整潔的店員。

有時服務生跟常客聊得很開心，會讓第一次前來的顧客覺得不舒服。

某連鎖餐廳在日本關西地區做了一項調查，發現許多顧客會因為服務生跟常客討論職棒而覺得「不爽」。因為有部分支持其他球隊的人，很不喜歡聽到阪神虎的話題。

因此，該連鎖餐廳客服部經理Ｂ表示：「如果討論到棒球，就要趕緊轉移話題。」當然，政治、宗教等話題也要儘可能避免。

Point 8

小心！別在照顧特定顧客的時候，冷落、冒犯別的顧客。

先讓顧客把全部的不悅吐出來

接聽客訴電話時如果應對不佳，會引起更多抱怨。其中最常見的就是在確認客訴內容、確認對方希望「退貨」或「退款」時的態度過於急躁，導致顧客覺得「你是不是急著想打發我？」而心生不滿。

B表示：「如果對方在生氣，就讓對方先把話講完，不要打斷，就算在店裡也是一樣。店裡很忙是我們（店裡）的問題，和生氣的顧客無關。我們一定要有這樣的自覺。」

要特別注意的是，一邊做筆記、一邊確認問題點，才能讓對話順利進行，否則在完全照對方步調走的情況下，很容易遺漏重點。如果因為我們的疏忽，導致對方必須重複說明相同的事，無疑是火上加油。

根據B的說法，只要在對話時，儘量加入「您說的是」、「正如您的指教」等肯定對方的字句，大部分顧客很快就能平息怒氣。正所謂「伸手不打笑臉人」，兩者之間有異曲同工之妙。

Point 9

接到客訴電話時，邊聽邊記重點，別丟三落四，讓顧客越說越氣。

讓「專業奧客」消氣的方法

親自到顧客家裡道歉

某連鎖餐廳客服部經理Ａ，自擔任分區經理以來就是「道歉專家」。他不是因為自己本身的疏失，是為了讓顧客原諒公司、原諒部下而道歉。該連鎖餐廳的顧客以外帶居多，因此許多問題不是發生在店裡，而是經常得前往顧客府上道歉。

其實到顧客府上道歉，往往不是因為有什麼重大疏失，都是外帶時「商品有少」，內用時「上錯菜」、「上菜速度慢」等小事。只是當這些問題一再發生，就會讓顧客覺得「無法忍受！你們要親自到我家來道歉！」。

前往顧客府上道歉，有時很快就可以離開，有時則不然。就連經驗豐富的Ａ，至今都無法歸納出立刻獲得顧客諒解的絕招，但A倒是提供了一些「儘可能讓事情圓滿的道歉訣竅」。

Point 10

到顧客府上道歉時，務必穿著正式服裝並準時。

首先是服裝，以穿西裝、打領帶為宜。如果穿著店裡的制服、夾克等讓人感覺有點隨便的服裝，一定要說明：「因為急著趕來，所以來不及換衣服。」

如果和對方約定好時間，絕對不能遲到。A表示，他習慣在約定時間的前一分鐘按電鈴。再者，帶著名片前往也很重要。當對方不在，可以在名片背面留言，再將名片放進信箱。許多店長忽略這一點，只想著：「我有去，只是對方不在家」，若抱持這種鴕鳥心態，會使事情無法順利解決。

敬禮時，一般來說是四十五度；如果對方非常生氣，則以九十度為宜。這些小細節都是避免火上加油的訣竅。此外，到顧客府上道歉時，若能在門前解決，就儘可能不要進到屋內。

A表示，顧客要求「到我家來道歉！」還無所謂，最怕的是顧客指定在其他地點碰面。這表示對方不想讓人知道他住在哪裡（行為不光明正大），或是可能與黑道有所牽連。若覺得危險，記得選在人多的餐廳等公開場合碰面，事前也可以到附近的派出所說明情況，儘可能小心為上。

道歉也是一種談判

有時必須依照對方的反應來改變應對方式。據說資深的客服部經理B，會在自己的右邊、左邊及胸前的口袋，各放一個信封，裡頭分別裝著五百元、一千元、三千元的禮券或現金，再依照情況判斷，該拿哪個信封給顧客。

B表示若是希望對方消氣，一定要記得做筆記。無論是在店裡或是顧客府上，聆聽對方說話時一定要一邊點頭、一邊寫下來。做筆記這件事能讓對方覺得我們很認真，進而留下好的印象。無論對方是誰，絕對都是展現誠意的絕佳技巧。

Point 11

準備各種表達歉意的小禮物，當作店家道歉的道具。

不會激怒顧客的提醒妙招

前面我們介紹顧客生氣時，該如何向顧客道歉。事實上，「不要讓顧客生氣」才是釜底抽薪之計，但有時候真的很難做到。舉例來說，當我們提醒顧客不能在店裡做某些事情，對方很容易就會被激怒。B表示：「只要你覺得全部是自己的責任，就不會激怒顧客。」

比如顧客在禁菸區吸菸，若聽見店員劈頭冷冷地說「這裡是禁菸區」，就算千錯萬錯都是顧客的錯，對方也一定會不高興，然後會說：「你這是什麼服務態度！」這種提醒方式之所以不好，是因為我們把責任推到顧客身上。

如果往這個方向想，「因為我忘了事前提醒這裡是禁菸區，顧客才會不小心在這裡抽菸，都是我的錯」，說出來的話自然會柔和許多。若是能加上一句「沒有先提醒您，真的很抱歉」，顧客也會覺得「是我沒有看清楚標示，不好意思」。

也就是說，若能在提醒顧客時坦承這是自己的責任，就能大幅減少激怒顧客的機率。

Point 12

越為顧客著想，語氣越柔軟，越不容易把場面弄僵。

聽懂顧客真正想說的話

當顧客說「你真的覺得錯了嗎？」

前一陣子，有個店長在店裡向顧客道歉，卻讓顧客變得更生氣。「你從剛剛就只會說『不好意思』，你真的覺得自己錯了嗎？」當時顧客在抱怨食物裡有頭髮，沒想到店長的道歉讓顧客更生氣，因為店長Ａ一直說：「不好意思。」

儘管因人而異，但只要不斷重複相同的話，就容易讓對方覺得缺乏誠意。此外，由於抱怨「異物」、「不適（在店內用餐後感到腹痛、嘔吐）」等問題的顧客一開始比較激動，所以只要應對稍微有瑕疵，顧客就會變得更生氣。

「簡直莫名其妙！」顧客把錢放下要離開時，Ａ趕緊說：「您不需要付錢，真的非常抱歉。」硬是將錢塞回顧客手裡。之後顧客就離開了。

食物裡有頭髮，原本就不應該收錢。如果收錢，顧客會覺得「他們竟然還敢收錢，真是沒道理」，甚至有可能打電話來要求：「把錢還給我！」所以A最後堅持不收錢是對的，只是在那之前，他可以處理得更好才是。

隔天，A打電話向我報告這件事。

「為什麼你當時只說『不好意思』呢？」我問。

A表示：「我以為只要道歉，顧客就會原諒我們。如果對方是故意找麻煩的奧客，我怕多說多錯，讓對方抓住話柄，向我們要求賠償……」

「其實你可以說明事情的來龍去脈，像是『有個員工忘了戴帽子』，接著坦承是自己的責任，『都是我沒有教好』，最後提出解決方法，『我們立刻幫您重做』，以取得對方的諒解。這一連串的過程，才是真正的道歉。」

A說：「我知道了。」

「其實會抱怨的，有九成九是一般顧客，所以在處理客訴的時候，一定要以『顧客是對的』為前提來面對。」最後我提醒A處理客訴時應有的心態，並結束了這通電話。

我曾經在連鎖餐廳客服部經理的研習會上，聽說某大型連鎖餐廳的工讀生，當顧客反應「你們的食物裡有蟲」時，工讀生回說：「我們的食物都在工廠製作，不可能有蟲」，導致顧客大發雷霆。

要注意，當顧客說「食物裡有蟲」，並不是在向我們確認這個事實，而是在要求我們「想辦法處理」。

Point 13

一定要以「顧客是對的」為前提來處理客訴。

當顧客說：「這道菜有幾公克？」

今天召開店長會議，我問坐在我面前的店長B：「假設今天顧客問你『這道菜有幾公克？』，你知道顧客想說什麼嗎？」

「顧客應該不會對食物的重量有興趣吧……」B答道。

「沒錯，當顧客刻意詢問食物的重量，很可能是想用另一種方式抗議『這道菜的份量不會太少嗎？』、『裝盤的時候沒有搞錯嗎？』」

「原來如此……」店長們異口同聲說。

「曾經有個大型連鎖餐廳的店長在聆聽顧客抱怨時，因為站在顧客身邊一動也不動，被顧客大罵：『你不要一副高高在上的樣子！』於是之後取得顧客同意，坐下來跟顧客談話。不過也有顧客會因為店長擅自坐下而生氣。」

「每個人的想法、感覺都不同，解決客訴沒有所謂的正確答案。只要我們平常習慣觀察顧客的一言一行，了解顧客在想什麼、喜歡什麼，就可以減少客訴、提升服務。」這是我為這場會議做的結論。

Point 14

多觀察及理解顧客的心情，就可以減少客訴發生。

Case Study

高明的道歉技巧

工讀生上菜時，被抱怨：「之前你們都會記得幫我加蛋，這次怎麼沒有……」

抱怨的這位顧客是常客，點這道菜時都會加蛋。我想顧客心裡一定覺得，服務生本來就應該記得常客的長相與習慣。說實在的，如果服務生能記得每位常客的長相，是非常好的事，但事實上並不容易。

其實這時候工讀生應該要說「我們立刻幫您加蛋」，並為顧客重做。然而工讀生卻對顧客說：「請您以後點菜的時候，記得先告訴我們。」導致對方火冒三丈。我明白處理客訴時應對欠妥，只會節外生枝。

之後顧客訓了工讀生一頓，還問了客服部的電話。我想那位顧客一定會打電話來抱怨，真的非常抱歉，萬事拜託了。（店長A）

客服達人這樣說

讓對方覺得被尊重，過程中很有面子

員工在面對顧客抱怨時，如果只是輕描淡寫地說「不好意思」，真的很容易讓顧客變得更生氣。我們不能讓顧客覺得沒有面子、覺得不受尊重。

只要在聽顧客抱怨一番後，換另一個人來處理，很多時候問題就能順利解決。因為換人這件事會讓顧客產生「成就感」——店家為了自己找其他人出來處理。

因此，「不讓對方覺得沒有面子」也是解決客訴的訣竅之一。如果不小心讓對方覺得沒有面子，就要給對方「恢復名譽」的機會，讓對方冷靜下來。舉例來說，某個店長曾經在顧客破口大罵「叫他本人來跟我道歉！」後，在顧客面前狠狠教訓工讀生，然後再向顧客道歉：「這一切都是我的錯。」

其實店長事前有先跟工讀生說好。顧客在不知情的情況下看到店長這麼做，反而變得不好意思，轉過來安撫店長：「沒關係啦，下次注意就好。」此外，就算是服務生的錯，店長道歉時一定要說：「都是我的錯」，否則顧客可能會更生氣。

某個客服部經理會在顧客大吼大叫、粗言粗語時，在電話中表示：「我好害怕，身體一直在發抖。」據說很多顧客聽到這句話都會覺得自己「說得太過火了」，並冷靜下來說：「我沒有那個意思。」

Point 15

事先與員工先套好招，讓客訴的顧客有成就感、有面子。

如果對方的言行舉止很恐怖，一定要明確表示「我好害怕」三次以上。當我們向警方求助，這句話會變成很重要的根據。

多數會說粗言粗語的顧客，都是因為平常很少生氣，偶爾怒火中燒才會如此。曾經有個顧客在電話裡對經理大吼黑道用語，意思是「那你想怎麼解決？」。經理聽了之後，低沉地問：「請問那句話是什麼意思？」對方就不再咄咄逼人了。

經理出乎意料的反應，讓對方突然清醒過來。聽說那位顧客是個平常相當穩重的一般男性。

Case Study

聽懂顧客的要求，讓客訴降到最低！

顧客向工讀生反應：「這個青菜根本沒熟吧？」

工讀生立刻回說：「我們的青菜都是這樣的。」結帳時，顧客嚴詞批評店長：「你們的員工訓練有很大的問題。」之後店裡確認顧客殘留的食物，發現青菜是熟的，那個工讀生非常生氣：「他根本就是雞蛋裡挑骨頭！」

另一間分店日前也發生類似的事，而且激怒顧客的還是店長。店長在聽到顧客反應「湯的味道太淡」時，竟然回說：「不會啊。」而且他到現在還無法理解，為什麼顧客會這麼生氣。

處理客訴時應對欠妥，會導致事情節外生枝，而產生二次客訴。前述兩件事原本都不是容易產生二次客訴的大問題，只要不否定顧客意見，詢問顧客是否需要重做，或者告訴顧客「下次只要先跟我們說，就能為您調整口味」，便可以順利解決。

但經常出現客訴的分店，就是有許多不懂如何「大事化小、小事化無」的員工，這點讓我非常煩惱。（分區經理A）

客服達人這樣說

尊重顧客之外，絕不要打斷顧客說話

面對客訴時最忌諱的就是打斷顧客說話，即使覺得顧客的意見有問題或有誤會，都要讓顧客把想說的話說完，再加以回應。因此，總是忍不住想立刻反駁、為自己辯護的人，很容易讓問題一發不可收拾。顧客經常打電話到客服部抱怨的「問題分店」，店長幾乎都是這種類型的人。

請各位嚴格要求店長、各時段的負責人養成這個習慣，在顧客反應、抱怨的時候，絕對不能打斷顧客說話。

同時要訓練兼職員工、工讀生，無論是多小的問題，都要①深深地向顧客鞠躬，②明確告知顧客「我會向主管報告」，③讓負責人向顧客道歉。只要做好①～③這幾個步驟，大多可以平息顧客的怒氣，並讓顧客留下「這間店很不錯」的印象。因此危機就是轉機。

某個資深分區經理表示，只要蹲在火冒三丈的顧客身旁，問題就可以很順利地解決。請大家一定要試試看。眼睛往下俯視可以讓人平息怒氣，情緒也會變得比較穩定。

餐廳最致命的問題不外乎就是打翻食物或弄髒顧客的衣服、打翻熱湯導致顧客燙傷等，這時無論如何都要拿出最大的誠意，全力面對。

我曾經打翻70～80度的熱湯，導致顧客的手輕微燙傷（皮膚變紅）。當時我請顧客先到醫院看診，顧客表示「我不想去醫院」，為了表達歉意，我提到：「那麼今天您的餐點費用就由我來負擔。」

除此之外，馬上到藥局購買治療燙傷的藥。把藥交給顧客時，顧客問：「怎麼會有這個藥？」我說：「剛剛去買的。」沒想到顧客竟說：「我很感動，今天請一定要讓我買單。」只要我們願意挽回自己的錯誤，顧客都能感受得到。

Point 16

當客訴問題發生時，隨機反應，將危機化為轉機。

特別收錄

讓自稱「奧客」的專家告訴你，奧客內心在想什麼？

為什麼我會在店裡發飆

我會根據店家的等級、種類來調整抱怨的標準。速食餐廳「出餐速度太慢」，一般餐廳「進到店裡沒有人招呼」、「服務態度差」，都會讓我很生氣。如果是高級餐廳，只要「服務生不熟悉餐廳料理」、「對待常客跟對待一般過路客的態度一樣」，我就無法接受。除此之外，有一次因為「菜涼了」向服務生抱怨很久，甚至還把菜放在服務生手上，讓服務生確認菜的溫度，最後把服務生弄哭了。

若餐廳員工一開始應對得體那倒還好，但如果讓我覺得他們只想用錢打發顧客，或是說明得不清不楚就想敷衍了事，我就會氣得七竅生煙。

然而，如果餐廳員工誠摯地聆聽我的抱怨，我也很難一直無理取鬧。如果他們「做得到」、「做不到」之間的標準很明確、態度很堅持，我更是拿他們沒轍。（三十八歲，男性A）

我只是想聽到「對不起」

如果我刻意不讓其他顧客知道食物裡有異物，小聲地向餐廳員工反應，卻只換來一聲「啊……」，連一句「對不起」都沒有，當然會生氣。我知道食物裡有異物這種情形很難避免，但餐廳員工的應對太差，就會想抱怨。這種時候，如果餐廳員工表示「這道菜我們不收錢」，反而讓人更生氣。（三十八歲，男性B）

第一句話決定一切

到拉麵店用餐時，如果發現食物裡有頭髮，我會先溫和地跟服務生說：「不好意思，這碗麵裡有頭髮……」接下來，服務生說的第一句話會決定一切。如果服務生很有禮

貌地說：「真的很抱歉」、「我們立刻為您重做」，那就沒問題，我會默默地離開。（三十三歲，男性C）

【註解】這個專欄原本刊登於二〇〇五年三月的《日經餐廳》，當時我們採訪了自稱是「奧客」的消費者。

第二章

保護業者與店員的危機管理守則

從法律面來思考
如何處理客訴

審訂：中井淳律師（日），葉宏基法律事務所（台）

狀況題

客訴糾紛擴大，店長被一群混混包圍！

遇到「賠償強硬派」，害店長都急病了

一個看起來像混混的年輕男性顧客在店裡向店長抱怨：「你們服務生帶我到座位上，我一坐下，褲子和包包就被醬汁弄髒了。」

店長表示，願意將褲子和包包拿去送洗後再還給顧客，但對方堅持：「我想買新的，你們要負責賠償我之前買褲子和包包的費用。」店長花了一小時左右的時間企圖說服對方，但對方不肯接受還大聲咆哮。店長逼不得已只好報警，而那位男性顧客在警察勸說下，才終於離開店裡。

沒想到，隔天對方與十個朋友一同來到店裡。他們要求店長坐下來，一群人把店長團團團住，並一邊吃飯一邊要求店長賠償褲子和包包，總價七萬圓。

儘管店長不斷向對方說明──若顧客衣物上的髒汙乃因店家疏失而產生，他們僅能代為送洗。這是店家規定的方針，他無法擅作主張，但對方就是不肯接受。

店長面對一群滿臉橫肉、不斷大喊「賠錢」的男人，直到最後還是沒有答應對方的要求。然而，一再受威脅的恐懼感卻讓店長病倒了。

幾天後，那群像混混的男人再度來到店裡，放下購買新褲子、新包包總計七萬圓的發票後便逕自離開。此舉動就像是在說「快點賠錢」！即使這樣做也不可能獲得賠償，但對方就是不肯放棄……

狀況快速瀏覽

Day1 顧客衣服弄髒，要求全額賠償↓店長說明可代為送洗，但無法賠償↓一小時後談判破裂、顧客大聲咆哮，店長報警處理，由警方勸走顧客。

Day2 顧客找一群人來店裡施壓，要求七萬圓全額賠償↓店長拒絕。

Day5 顧客再度到店裡並丟下七萬圓發票！之後每天都來要求賠償！

被威脅的時候，法律和警方會站在店家這方

這是實際發生在其他連鎖店家的案例。我在一次研習會上，拿出來和我們公司的店長們討論有關「危機管理」的議題，並徵詢大家的意見。

A表示：「座位上真的有醬汁嗎？從這位顧客的態度來看，他說的話很有可能是捏造的吧？」我點頭表示認同：「雖然無法斷定，但這的確是很常見的情況。如果我們在為顧客安排座位前，甚至是顧客在抱怨的時候，確認椅子或桌子是否有髒汙，或許就能判斷真偽。這個案例由於顧客看起來很像混混，員工或許是因為害怕而沒有確認，否則應該一開始就要確實檢查衣服、椅子或桌子，確認是否為店家的疏失。」

Point 1
在第一時間先確認是否真為店家疏失？

B表示：「我認為顧客第一天在店裡鬧事時，報警是正確的選擇。不過，隔天店長被

團團圍住時，也應該要報警。」

「沒錯！被一群人團團圍住，對方還不停大喊『賠錢！』，這或許已經構成暴力妨礙業務或是恐嚇，只不過，當店長被團團圍住而無法動彈的情況下，應該要怎麼處理？」

B表示：「有時員工很難判斷該如何處理。」我答到：「如果事先告訴所有員工報警處理的『暗號』，就能以備不時之需。」

「還有，如果覺得人身安全受到威脅，而被迫答應賠償對方——那麼事後就算收回承諾，也不成問題(註)。如果情況真的不妙，大家千萬不要逞強。」店長們聽到都笑了。

Point 2

不要害怕報警處理，最好能讓大家事前演練。

註：情況緊急時的應對方法→被客訴者脅迫，感受到人身安全時所訂下的約定，並沒有遵守的必要。但是，若是以書面簽訂的話，就很難提出證據證明是在被脅迫的情況下所簽訂的。所以千萬要謹慎小心地應對。

A說：「難道無法阻止對方每天來店裡要求賠償嗎？」

我的回答是：「最好的情況是經過溝通，對方願意接受代為送洗，或是找律師或警察協助處理。」當我們明確拒絕，對方卻在沒有正當理由的情況下，重複提出相同的要求，這就是所謂的「強制」。將對方威脅時說的話錄音存證，之後警方也比較好處理。

此外，如果我們因為對方不斷到店裡來，導致精神方面飽受痛苦，可以明確告知對方：「請不要再來了！」禁止對方進入店裡。之後對方再進入店裡，就構成「非法侵入」。

Point 3

把「被威脅的狀況」錄音、錄影存證。

做不到就是做不到，絕不能寵壞顧客

本案例中的連鎖店家客服部經理與分區經理，為了阻止對方每天到店裡求償，持續與對方協調了好長一段時間。

儘管被一群人團團圍住，店家堅持只和當事者對話。不被對方牽著鼻子走，秉持耐心持續說服對方：「我們只能代為送洗。」經過長時間的協調，對方最後終於放棄要求賠償，也沒有再到店裡去。

無論情況再怎麼糟糕，都不能向奧客妥協的原因有二。首先，我們必須公平對待所有顧客，不能讓顧客覺得「會吵的孩子有糖吃」。再者，一旦答應一個奧客的要求，這個奧客就會在其他店家故技重施，造成整個業界的困擾。

台灣現況介紹①

除醫院及醫療診所，一般台灣服務性企業均適用「消費者保護法」。消費者保護法最重要之規定是：企業須負舉證責任，始可免責。

以「衣服遭座位上醬汁沾污」為例，企業需自行舉證無過失，例如係顧客用餐不慎自行沾染，或鄰座小孩嬉戲導致沾污，才可卸除責任。為了能夠舉證，某些企業會在服務現場設置監視器，但需確認服務現場係處於公共場所，否則容易觸犯刑法妨害祕密罪。

此外，台灣比較少企業提供送洗衣物服務，因為採取此種解決方法，等於承認企業先有過失。而且衣服送洗後品質難以確定，易啟二次糾紛。若為企業服務瑕疵造成衣服污損，建議處理上儘量以金錢為原則，並在和解時簽立切結書。

台灣現況介紹②

不論任何原因，聚眾包圍已屬刑事犯罪，觸犯台灣刑法第三〇四條強制罪，不必等對方提出具體正當理由皆可提出告訴。

顧客鬧事應先確認對方真正意圖，究竟是為鬧事或為求償？如果店家派出經理提出數種具體和解方案，均遭拒絕，應可確認係強行勒索手段，此時應可立即向警方報案。

顧客要求賠償時，店家賠償的限度到哪？

顧客宣稱「因用餐而食物中毒」時

「我在你們店裡用餐後，覺得身體很不舒服，你們要賠我錢！」當顧客發現店家使用過期材料而要求賠償，店家只能照做嗎？

答案是否定的。

只要顧客無法證明餐點與身體不舒服兩者具有直接關係，就沒有必要賠償。的確，使用過期材料可能會牴觸食品衛生法（不是說「使用過期的食材」就等於「違反食品衛生法」）。但在這種情況下，店家要接受相關單位的懲處，而不是賠償顧客的損失。

「違法受罰」與「損害賠償」是不一樣的

顧客要求損害賠償是依據民法第四一五條的「不履行債務」或民法第五七〇條的「賣方瑕疵擔保責任」（編註：商品有缺陷，賣方就必須負責）。如果證實過期材料導致顧客身體不舒服，店家除了全額退費，還得支付醫療及精神賠償費用。

麻煩的是，有時店家除了賠償顧客因服務而產生的直接損失，還得賠償其他具因果關係的間接損失，這就是所謂的「損害擴大」。以前述案例來說，像是顧客因身體不舒服而無法工作，這段期間的工資，及精神飽受折磨的損失——這些都屬於「損害擴大」。如果顧客因身體不舒服而取消既定的旅行計劃，那麼取消時產生的費用應該也要計算進去吧……那麼，我們究竟要考慮多少因果關係？

「如果我不請假，說不定就能談成生意，拿到一百萬圓的獎金……所以你們要賠我這筆錢！」像是這種以常理推斷就知道站不住腳的要求，當然沒有必要接受。雙方發生爭執時，記得請教律師或是承辦店家保險的保險業務員——如果店家原本就有投保相關保險，更讓人安心許多。

Point 4

用常識判斷就知道關聯性薄弱的要求，可以不賠。

別把「顧客優先」當成不懂法律的藉口

上述內容或許比較困難，但都是我們請律師在研習會上指導我們的原則。或許有人認為，處理客訴最重要的是平息顧客因公司或店家過失而產生的怒意，不應該優先考量法律問題。但只要我們具備相關法律知識，面對顧客時也就更能掌握輕重緩急。尤其遇到難纏的奧客，法律知識會是我們強大的武器。

顧客宣稱「店家遺漏外帶餐點」時

連鎖店家經常遇到「外帶餐點有少」的問題，其中最讓人困擾的是，有些顧客沒有發票卻堅稱：「我有點餐，也有付錢，快點退我錢！」站在法律的角度來看，顧客必須提出「已購買」的證明，所以店家不需要回應這種要求。不僅如此，如果顧客沒有買，卻佯裝有買以要脅店家退錢，可能構成「恐嚇」或「詐欺」。

Point 5

沒有發票還要求賠償，可能構成「恐嚇」或「詐欺」罪。

如果顧客硬拗，店家該如何處理？

當然，店家在遇到這種情況時，通常會詢問顧客購買商品的時間，再對照結帳櫃檯的紀錄，確認顧客是否真的有買。若明明查不到購買紀錄，對方又是態度強硬的奧客，一旦員工覺得有危險，就要馬上報警處理。

附帶一提，警方有所謂的「犯罪搜查規範」。其中第六十一條規定警方必須受理民眾報案——有時就算民眾報案，警方不一定會採取行動，但警方一定要聆聽民眾的煩惱。

平常的努力也會影響判決喔！

當顧客說：「你們餐點的湯汁太熱，燙傷了我的嘴，你們要賠我醫藥費！」就法律來說，這該如何處理呢？

律師表示：「可能會違反說明義務而必須賠償。」如果食物一看就知道很燙，那麼就算店家不特別提醒，也不能說店家違反說明義務；但如果看起來並不燙，事實上卻很燙，店家就有可能違反說明義務。

如果利害對立，就交由法院判決。法院判決時不會只依據既定的法律條文，還會考量當時的實際情形與一般的社會常識。

不怕敗訴的祕訣是，平時就做好安全措施！

當顧客在店裡跌倒受傷後訴諸法律，店家是否有防止顧客跌倒的措施、或是不在乎顧客的安危……這些都有可能使判決完全不同。平常就很注重細節的店家，敗訴的風險會比其他店家低上許多。

台灣現況介紹③

本文開頭提到「只要顧客無法證明餐點與身體不舒服兩者具有直接關係，就沒有必要賠償」，這一點和台灣的情況不同。在台灣，消費者保護法第八條規定企業須負舉證責任，因此企業須先舉證，其使用過期食材無過失，始可免責，此點與日本法律有點不同。

台灣現況介紹④

台灣設有消費者保護法保護消費者，企業需負相關舉證責任，因此建議企業在菜單上註明哪些菜可能會燙，請消費者用餐時注意，即可避免在「說明義務」上舉證困難之問題。

當利害對立時，就需由法院來做最後裁決。法院並不是單純依據法律條文，用固定的形式去做判決。還會依照當時的狀況，加上一般的社會常識做綜合性的判斷。

哪些狀況題，比較不會造成法律問題？

發現顧客遺漏的東西，好心先收起來卻……

顧客忘了將物品帶走的情況十分常見，在這種情況下，店家需要負什麼責任？

舉例來說，某位顧客忘了帶走一個信封，裡頭收有重要文件。該名顧客發現後隨即打電話到店裡，店家也承諾會暫時保管。一個禮拜後，顧客前往店家領取文件時，發現店家員工不小心將沙拉油打翻，導致文件變得油膩膩的，無法閱讀。顧客向店家表示：「雖然我忘了把文件帶走也有不對，但還是要請你們賠償我的損失。」這時，店家是必須賠償的。

那麼，如果顧客離開座位去上廁所，這段期間顧客放在座位上的貴重物品被偷了，店家需要負責嗎？

答案是「原則上不需要負責」。因為這是偷竊顧客、被偷顧客之間的問題，和店家沒有關係。但如果是員工偷竊，店家當然就要負責。

Point 6

若在店內發生偷竊事件，只要不是員工偷竊，店家就不用負責。

店家暫時替顧客保管物品，需承擔什麼責任？

以前例來說，店家承諾保管物品的瞬間，就產生民法上所謂「事物管理」的義務。這和受理委任契約相同，必須善盡保管責任。明明顧客已經表明這是很重要的文件，會再去店家取回，店家卻將文件汙損至無法閱讀——這樣不能算是盡到應盡的保管責任。

但對店家來說，光是保管顧客忘記帶走的物品，就得負擔損害賠償的風險，一點也不簡單。所以店家保管顧客物品時要很慎重，必要時可以交給警方保管，避免節外生枝。

附帶一提，如果是因地震、他人縱火等不可抗力因素造成的損壞，店家是不需要負責的。我聽到這句話後安心不少。

Point 7

如果顧客遺漏的東西很貴重，最好直接交給警方保管。

以一開始提到的案例來說，訴諸法律時，具體的賠償金額要看文件汙損造成顧客多大的直接與間接損失，這可不是「賠償買紙的錢」就可以解決的。

假設因為文件汙損，導致顧客損失高達一百萬圓的合約，顧客可能會要求店家除了賠償合約損失外，還要支付精神賠償等其他費用。另一方面，店家也會提出反證，主張該文件不可能造成顧客如此大的損失。最後由法院自情、理、法來判斷適當的賠償金額。

顧客宣稱「錢包裡的錢減少了」

員工在打烊後發現有顧客忘了把錢包帶走，好心幫顧客保管，之後顧客竟然說：「裡面原本應該有三張一萬圓鈔票，就是三萬圓，可是現在裡面只有兩萬圓，你們要賠我一萬圓！」這種指控店家偷錢的客訴非常棘手。

如果最後訴諸法律，發現店家沒有確實記錄發現錢包的時間、人物（最好有兩人以上）及金額，很有可能會敗訴。

Point 8

撿到顧客錢包時，先找人證一起確認錢包裡的金額。

儘管所有者——顧客——必須舉證錢包裡有多少錢，但顧客只要說幾點在哪間銀行的ＡＴＭ領錢，在哪些地方消費，所以錢包裡應該要有三萬圓才對。相反的，店家則要提出反證，如果店家一開始沒有仔細確認錢包裡的金額，或是放在隨時都有可能被員工拿走的地方，那麼店家要主張「錢包原本就只有兩萬圓」的立場就會站不住腳。

其實光是爭執錢包裡有兩萬圓還是三萬圓，很難訴諸法律。不過，針對失物訂定讓顧客安心的規定卻很重要。這樣不僅能降低訴諸法律的風險，也能夠讓顧客留下認真的好印象。

當顧客抱怨：「上菜速度太慢了！」

「你們明明說十分鐘就可以上菜，卻讓我等了二十分鐘，導致我趕不上火車，你們要負責我的損失！」上菜速度慢是很常發生的問題，就法律面來說，又該如何處理呢？根據律師表示，如果顧客確定時間來不及，大可不要繼續用餐——因此很難作為損害賠償的根據。這符合民法第四一五條「不履行債務」的規定，沒有損害賠償的義務。

顧客的口頭禪：「你們的店員服務態度不好！」

像「你們的服務生很冷淡，不會招呼顧客」、「服務生一直聊天，吵死了，叫他們來跟我道歉」等服務面的客訴，只要店家向顧客道歉就可以解決，因此不會產生法律面的問題。

如果是顧客外帶飲料時，員工忘了提供吸管，導致顧客打電話要求：「你們現在馬上送吸管到我家！」若是拒絕，會構成「不履行債務」嗎？

因為飲料就算沒有吸管也能飲用，此類客訴屬於服務面的客訴，沒有法定義務，不需要特地將吸管送到顧客家。

Point 9

針對服務態度上的客訴，比較不會成為法律問題。

台灣現況介紹⑤

如果是因地震、他人縱火等不可抗力因素造成的損壞，就台灣的法律規範來說，店家同樣不需負責。其他細節上稍有不同，請留意以下幾條相關法律。

- 民法第六〇六條：旅店或其他供客人住宿為目的之場所主人，對於客人所攜帶物品之毀損、喪失，應負責任。但因不可抗力或因物之性質或因客人自己或其伴侶、隨從或來賓之故意或過失所致者，不在此限。
- 民法第六〇七條：飲食店、浴堂或其他相類場所之主人，對於客人所攜帶通常物品之毀損、喪失，負其責任。但有前條但書規定之情形時，不在此限。
- 民法第六〇九條：以揭示限制或免除前三條所定主人之責任者，其揭示無效。
- 民法第六一〇條：客人知其物品毀損、喪失後，應即通知主人。怠於通知者，喪失其損害賠償請求權。

台灣現況介紹⑥

終於有一點，台灣的法律規定對店家比較有利。依民法第六〇八條規定，金錢等貴重物品，除非顧客事先要求企業保管，否則企業無須負任何責任。

．民法第六〇八條：客人之金錢、有價證券、珠寶或其他貴重物品，非經報明其物之性質及數量交付保管者，主人不負責任。主人無正當理由拒絕為客人保管前項物品者，對於其毀損、喪失，應負責任。其物品因主人或其使用人之故意或過失而致毀損、喪失者，亦同。

對付奧客的殺手鐧，禁止入店！

把失禁的老媽獨自丟在店裡！

「你們的服務生很沒禮貌，竟然叫我以後不要再去，請你們立刻開除他！」之前有位顧客為同一件事打了好幾次電話給我。

這是位中高齡的女性，她總是定期帶著年邁母親，一起到本店位於購物中心裡的分店消費。如果只是這樣，那我們當然心懷感激，問題是這名顧客總是讓母親獨自坐在店裡長達二～五小時，自己卻不見蹤影。這位年邁母親坐在輪椅上，無法自己行動，時間一長，甚至會因為失禁而直接尿在輪椅上……最後臭味就會造成其他顧客的困擾。事實上，的確有顧客來向我們抱怨這件事。

長時間獨自坐在那裡的母親一定覺得很丟臉，每次想到這一點，我就覺得她好可憐。不過我可以理解女兒每天照顧母親很辛苦，想必感到相當疲憊吧！所以希望能有自己一個人的時間，哪怕只有幾小時也好。但無論基於什麼理由，只要造成其他顧客的困擾，我們就不可能置之不理。

店長向該位顧客表示，她的行為造成了其他顧客的困擾，請她不要再讓母親長時間獨自坐在店裡。但在那之後，那位顧客還是屢勸不聽。最後我們才做出「因為其他顧客備感困擾，所以我們只好拒絕您來消費」的結論。

Point 10

如果顧客妨礙到店員工作或是店內客人，店家有權利拒絕顧客進入店裡。

店家有「選擇顧客」的權利

許多人不知道，只要顧客的行為造成其他顧客或員工的困擾，店家又莫可奈何時，可以拒絕該位顧客進入——也就是說，店家有「選擇顧客」的權利。

當服務生告訴那位顧客：「非常抱歉，我們無法讓您來消費。」她非常激動地說：「我離開我媽身邊也不過就是五～十分鐘！」——這和事實明顯不符——便氣呼呼地離開。之後她就如我一開始說明的，不斷打電話找客服部經理，也就是我。其中，曾經有通電話講了九十分鐘，但一直到最後，我們雙方都沒有取得共識。

前幾天晚上，我和該分店的店長A小酌，聊到那位顧客的事。「前陣子真是麻煩您了」，A再次向我道謝。「沒有的事！你比較辛苦。不過在高齡化社會，這種問題一定層出不窮吧，真是讓人感慨啊。」

什麼樣的顧客，店家可以拒絕？

今天，我們幾間連鎖店家的客服部經理一同召開研習會。我趁這個機會，詢問大家會對什麼樣的顧客行使「禁止進入」的權利。

儘管沒有店家定有明確的標準，但除了服裝，基本上只要「對其他顧客造成困擾」就會被列入店家的黑名單。例如在店裡發出奇怪聲音的人、很久沒洗澡散發臭味的人等，都會帶給週圍顧客相當大的困擾。或許這些人有不得已的苦衷，但店家方面也是逼不得已才會出此下策。

此外，造成員工困擾的顧客也可以列入黑名單中。有位顧客每次到某家大型連鎖店家消費，都會抱怨食物裡有頭髮，要員工在一分鐘之內重做——遇到這種提出無理要求的顧客，分區經理或分店店長可以拒絕對方進入店家。

我們有時會在公共澡堂看到「謝絕刺青者進入」的牌子，其實店家沒有必要事先列出禁止哪些人進入。注意，店家拒絕顧客進入的理由必須合情合理。

像是「謝絕外籍人士進入」等，以國籍、人種或性別為由拒絕顧客進入，等於侵犯人權，違反了憲法。然而，如果是對員工提出無理要求的奧客，不僅妨害員工工作，還造成店家經濟上的損失，自然可以拒絕。就算奧客們去控訴店家「侵犯人權！」其實也不用在意。

Point 11

注意！店家可以選擇禁止顧客入店，可是理由需合情合理才行。

有些人被店家列入黑名單後，會故意在網路上匿名發表負面言論，即使如此也無所謂嗎？就我調查的結果，很少有店家因為網路上的負面言論而受到影響。

即使是拒絕，也要保留對方尊嚴

店長A來找我的時候，我們討論到有關「禁止進入」的話題。A說：「拒絕對方進入店家時，該注意些什麼呢？」

「嗯……首先要明確表示為何拒絕對方進入店家。如果理由不夠明確，對方不可能會接受。再來要注意說話方式，避免傷到對方的自尊。此外，與對方溝通的時候，最好要有兩個以上的店家員工在場。這樣萬一發生什麼問題，我們就有『證人』可以作證，而且大家一起處理，壓力不會那麼大，也比較能沉著應對。」

聽說有間店家為了謝絕某位顧客之後再來消費，還特地等對方離開之後，在店家外面與對方溝通。這樣不僅能避人耳目，還能減少對方承受的傷害。

Point 12

切記，「禁止入店是終極手段，能夠不要用就不要用，但還是有逼不得已的情況。」

遇到突發狀況，要不慌不忙、冷靜思考！

突然被告，店家該用什麼態度面對？

「之前有位顧客打了兩通電話來抱怨，內容只能用『雞蛋裡挑骨頭』來形容，儘管兩通電話都講了二十分鐘，但我們最後還是沒有取得共識。由於對方沒有再打電話來，我以為對方已經放棄，事情也就解決了。沒想到之後我收到法院寄來的傳票，要我以公司的身分代表出庭……」

顧客利用的是「小額訴訟」制度，而有此特殊經驗的人是某連鎖店家客服部經理A。

什麼是「小額訴訟？」

「小額訴訟」的特徵是金額在六十萬圓以下，只要經過簡易法庭一次審理就可以做出判決。此外，原告必須在事前向法庭提出訴狀（原告的主張），被告則要提出答辯書（被告的主張）。附帶一提，大家在聽到「原告」、「被告」的時候很容易與「被害者」、「加害者」聯想在一起，但其實這只是法律用語，和是非對錯無關。

這種訴訟不需要聘請律師，成本相當低，因此提起訴訟的心理門檻比較低。

先找出對自己有利的證據

前面那位打電話來抱怨的顧客主張，因為服務生不小心，導致夾帳單的金屬夾刮傷他的高級手錶，要求店家支付修理費用。

店長表示當天沒有聽說此事，顧客也承認當天並沒有在店裡抱怨。雖然顧客事後打電話到店家，並讓店家員工看手錶上有傷痕的照片，卻無法證明手錶上的傷痕是在店裡造成的。

為了以防萬一，A請擁有同樣手錶的人協助，確認夾帳單的金屬是否會像顧客所說的刮傷手錶——事實證明，夾帳單的金屬無法刮傷手錶。

要堅持立場，不被顧客牽著鼻子走

一如前文，A出席簡易法庭時，由原告（顧客）、被告（公司代表A）各自闡述自己的主張，接著法官針對不清楚的地方詢問兩造。一般來說，法官在處理民事訴訟案件時會勸原告與被告協調、和解。

但A拒絕和解，因為只要稍微肯定對方的主張，就算只是支付部分修理費用，「也會打擊全國的餐飲業者」。

經過一小時的審理，法官在休息十五分鐘後判決。判決結果為原告敗訴，店家不需要支付手錶的修理費用，訴訟費用也全部由原告負擔。店家大獲全勝。

談判時，不要讓對方成為主導者

在此稍微改變一下話題，提供各位參考。之前曾經有位顧客約A在外頭碰面，該位顧客一看就知道是「反社會勢力團體」的成員。

起因是一群來意不善的人到店裡消費，其中一人不知道為什麼，很誇張的從椅子上跌下來，之後就說他受傷了，要求店家賠償。從監視器畫面看來，對方很明顯是故意跌倒的；即使依照對方說的方式移動椅子，也不可能像那樣從椅子上跌下來。

A決定不賠償，而為了與對方溝通，他和一位退休警察、店長，總共三個人一同前往對方指定的郊區。由於A不想讓對方知道自己的手機號碼，於是到了郊區的車站，他就以公共電話與對方聯絡，告知對方他們已經抵達車站。

當對方要求他們搭乘計程車前往指定地點，A不斷表示：「我們無法前往」，請對方同意在車站附近的咖啡館碰面。

就算不說明原因也能說服對方——這點讓我深感佩服。如果前往對方指定的地點，就等於讓對方握有主導權。當時A的打算是，如果對方不肯約在車站附近人多的地方，就拒絕與對方碰面。

接著A立刻前往車站前的派出所，向警方簡單說明目前的情形。警方為了以防萬一，決定在雙方碰面時騎腳踏車在附近巡邏。「只要他們出手，我們就提告！」A做好萬全準備——包括有可能被揍的心理準備，之後便前往約定地點。他當時非常害怕，沒想到十幾分鐘後，事情便圓滿落幕。當他向對方表示無法賠償，對方一下子就接受了。

Point 13

如果被約出去談判，最好選擇離警局近的地方。

Case Study

如果對方以「慰問金」等名目，要求店家賠償，店家有必要支付嗎？

情況一：「喂！你們的碗裡面有蟑螂！」

某分店的服務生在聽到顧客反應此事後連忙確認，發現顧客快要吃完的食物裡的確有隻蟑螂。雖然說是蟑螂，但不是一般家庭常見的那種大蟑螂，而是經常出現在店家裡的小蟑螂。我想可能是因為這樣，顧客才會在快要吃完的時候，才發現碗裡有異狀。

除了退費以外，如果顧客覺得不舒服，會請顧客到醫院檢查。當然，我們會負擔醫療、交通等費用，但如果顧客以「精神賠償」為由向我們要求幾十萬圓的賠償，我們也要支付嗎？

情況二：顧客因為店內地板濕滑而跌倒了

這是發生在另一間分店的事。有位顧客因為地板濕滑，在店家裡跌倒了。當然，地板濕滑是店家的疏失。那位顧客當時因為有急事，一下子就離開了，但之後卻打電話表示：「我因為在你們店裡跌倒，全身都好痛，而且眼睛也很不舒服。」儘管我們帶禮盒去探病，對方卻拒絕我們：「要探病就帶錢來！」我該怎麼做才好呢……（分區經理B）

客服達人這樣說

沒有造成實際傷害，就不需支付慰問金！

首先，像前者那種「食物裡有蟑螂」的情況，絕對是全額退費，如果顧客覺得身體不舒服，或是因為擔心而前往醫院檢查，店家當然要支付相關費用。

就我所知，只要沒有實際的損害，就不需要支付精神賠償的費用。事實上發生這種情形時，絕大部分連鎖店家都不會支付精神賠償的費用。不過店家造成顧客困擾卻是不爭的事實，所以一定要誠心的向顧客道歉。

而第二個問題是「由於店裡地板濕滑導致顧客跌倒」，店家確實有「過失」，顧客也不夠小心，在店家與顧客的「過失相抵」後，店家還是要賠償相關損害。

不過在賠償前應該要先取得醫院的診斷證明書，或是仔細確認當時的情形。店家再怎麼不對，也沒有必要在探病時就賠償。

我們可以明確向對方表達歉意，並說：「如果您不願意與我們溝通，我們也無法做任何金錢賠償。」儘管店家必須負責，但也沒必要照單全收。店家主要是依據民法來賠償顧客的損失，具體來說就是「不履行債務」和「非法行為」這兩點。

Point 14

討論賠償問題時，務必先取得診斷證明書。

「不履行債務」、「非法行為」兩者差異為何？

所謂「不履行債務」，簡單說就是違反契約內容。店家收錢、提供料理，這就是一種契約。如果提供給顧客的食物出現不該有的異物，等於店家違反契約內容，必須將錢退還給顧客。

此外，「非法行為」是指一切侵犯他人權利、利益的行為。非法行為需符合三項「必要條件」：①因故意或過失而起，②造成損害，③具有因果關係。

關鍵在於②，實際上是否造成損害。「如果我吃下蟑螂，或許會嚇到無法工作，必須請假一個星期。」像這種「或許、可能」的情形，店家就沒有必要賠償。另外，像是「你們的服務態度很差，把錢退給我！」這種服務面的客訴也不會造成損害，所以當然不需要賠償。

③的「具有因果關係」是指①的行為「一般」是否會造成②的損害。像是前面提到「因為跌倒導致眼睛不舒服」，這種在醫學上無法證明其因果關係的損害，就不符合這項必要條件。就算最後訴諸法律，其「因果關係」極有可能被否定。

Case Study

如果顧客提出不合理的賠償費用，有必要支付嗎？

情況一：顧客牙齒受損，要求負擔未來的植牙費！

有顧客打電話來抱怨：「你們食物裡有異物，害我少了一顆牙齒，現在連牙床都不穩了。」分店承認一開始處理得並不好，願意賠償顧客的醫藥費。到這裡還算理所當然，但顧客竟然要求：「你們現在不用賠我醫藥費，但如果我以後要植牙，費用要請你們負擔。」並表示如果店家拒絕就不排除提告。

由於植牙的費用高達五十萬圓，我可以拒絕顧客的要求嗎？

情況二：能夠自己開車的顧客，回頭訴求骨折賠償！

前幾天○△分店的員工清潔時，導致顧客因地板濕滑而跌倒，之後那位顧客打電話到店裡說自己骨折了，向店家要求醫療及精神賠償費用。

但該位顧客當天是自己開車離開的。說真的，我懷疑他是不是真的骨折了。就算當天在店裡骨折是事實，但一般應該會注意到地板很濕滑才是。我們需要賠償這位顧客嗎？（分區經理C）

客服達人這樣說

請醫師開立「固定症狀」作為賠償費用的參考

首先顧客要求「未來如果要植牙，請店家負擔費用」。我們不可能答應這種要求，請明確地拒絕他。

當店家造成顧客受傷，必須請顧客接受醫師診斷，釐清因店家造成的症狀，並接受治療。如果是會留下後遺症的重傷，就要請醫師確認「固定症狀」——意思是「之後就算再接受治療，症狀也不會改善」。確定醫藥費金額後，後遺症的賠償可以考慮以「職業災害法」為基準。

有些事情絕對要避免，像是因為店家的過失，導致年長顧客手部或腿部骨折。骨折有可能會留下後遺症，使關節變得不靈活。

然而人上了年紀，就算不骨折，手腳的關節原本就會變得比較不靈活。如果不在適當時機請醫師診斷，證明「骨折對關節的影響僅止於此」，之後就很難說是因為受傷或老化導致手腳關節不靈活了。這樣一來，就有可能遲遲無法確定店家必須負擔的全部賠償金額。

至於第二個問題，我們必須仔細確認顧客是否真的骨折？如果真的骨折，就要釐清店家應負的責任，與顧客協調。

店家是否有義務標示警示牌？

大家可能會覺得奇怪，明明地板一看就知道很濕滑，為什麼顧客跌倒，店家就一定要負責？因為店家有法定義務（提供安全環境的義務），必須確保顧客安全無虞。

因此，下雨時店家該在門口舖防滑墊，避免顧客跌倒，清潔時該要豎立「清潔中，地板濕滑，請小心腳步」等牌子，或是直接提醒顧客。只要做到這幾點，萬一真的發生什麼事，就能減輕店家的責任。此外，如果跌倒的顧客穿著細跟高跟鞋，那麼顧客本身也有錯，可以「過失相抵」。

就算沒有法定義務，店家本來也應該提供顧客安全的用餐環境。當顧客在店裡受重傷，像是骨折，無論責任歸屬如何，顧客一定都會覺得「為什麼我會遇到這種事？你們要給我一個交代！」

此時如果顧客認為店家敷衍了事，就會非常生氣，進而要求無理的賠償。

Point 15

務必為消費者提供安全的環境。

台灣現況介紹⑦

台灣司法實務裡，因企業場所缺失而造成消費者身體傷害之案例，一般判決對企業不利，且消費者有消費者保護法保護，企業需負舉證責任，對企業較為不利。因此遇到類似狀況，應儘速與消費者以金錢達成和解。

若消費者以有「後遺症」提出高額索賠金額，應儘力協商，若雙方無共識，可申請調解程序或由司法判決解決爭議。不建議店家自行尋找醫生，不但無法取得消費者信任，亦曠日廢時。

第三章

如何處理「異物」「污損」與「不適」

該用什麼態度面對客訴問題？

異物Ⅰ

食物裡出現頭髮或小蟲

遇到顧客要求退錢時，先確認是否持有發票

「我外帶的食物裡面有頭髮，請你們退錢。」昨天有名男性顧客打電話要求新上任的店長A退錢，顧客卻說因為覺得不舒服，所以把食物丟了，手邊也沒有發票。當店長A問他在什麼時間買了什麼，對方的答案也很模糊。

基本上，當顧客抱怨外帶食物裡出現異物，首先要先確認發票。如果顧客沒有發票，就根據顧客提供的資訊，再來確認銷售記錄。此外，不只是外帶食物，一旦發生類似情形，原則上都要收回食物來做確認的動作。

某連鎖餐廳曾經有顧客抱怨食物裡有塑膠片，而在收回後發現那不是塑膠片，而是洋蔥皮。有時候，荷包蛋邊緣半透明的膜也會被誤認為是塑膠。

因此我們必須收回食物，確認到底是店家疏失，還是顧客誤會或故意找麻煩。A向我報告後，我給A的指示是告訴那名男性隔天我們會主動聯絡，並要求A詳細確認店裡的銷售紀錄。結果，怎麼找都找不到該名男性顧客的銷售紀錄。

既然找不到銷售紀錄，又無法收回食物——我肯定「該名男性顧客在胡說八道」，並告訴A：「不需要向對方道歉，也不需要退錢。」今天A向顧客轉達我們的決定，對方只說「你們給我記住」，就把電話掛了。

「這種情形很常發生。相信對你來說，是非常好的經驗。」我這樣鼓勵A，但是A還是難以掩飾心中的不安。事實上，我們真的無法保證食物裡百分之百不會出現異物。我答應A會在新任店長的研習會上說明該如何處理這種情形。

Point 1

先確認銷售紀錄，釐清問題再決定下一步。

有關「異物」類客訴，可分成兩類

我正在準備新任店長研習會的資料。「異物」類客訴主要以「食物裡有頭髮」為主，再者是「食物裡有蟲」。當顧客抱怨食物裡有異物，一定要先收回食物並重新製作。如果顧客已經失去耐性，就把餐點的錢退給顧客。

雖然表達歉意很重要，但不需要賠償超過食物價值的金錢。若是想展現誠意，最好的方法不是賠償，而是請店長或負責人親自致歉，或者記住該名顧客的長相，在顧客離開時再次表達歉意。

此外，就算食物裡的頭髮有可能是顧客的，也不應該說出來。在沒有證據的情形下這麼說，只會激怒對方。

Point 2

食物裡如果出現不該出現的東西時，應立即重做或是退錢給顧客。

什麼樣的狀況會出現異物？

首先烹調食物時會不小心讓頭髮、小蟲、金屬片、塑膠片、紙片等出現在食物中，再者是食材原本就夾雜異物，像是菜上面的蟲、動物的骨頭，或者肉類因碰撞、烙印導致顏色改變等。

後者引起的客訴，即使店家再怎麼注意也很難避免。然而比例較高的前者可以儘量避免。像是①員工頭髮要確實固定，②以清潔滾筒清除制服上的毛髮，③使用顏色明顯的塑膠袋，④禁止將絕對不能出現在食物裡的釘書針、迴紋針、刀片等帶進廚房。這些方法都很有效。當然，店裡一定要徹底打掃，維持整潔。

儘管餐廳無法完全避免「異物」類客訴，店長卻能將程度減至最低——在新任店長研習會上，我會特別強調這一點。

Point 3

平時注意整潔，可降低客訴發生的頻律。

可以在適當的時機，給予顧客優惠

今天是舉辦新任店長研習會的日子，我在大家面前說明之前製作的資料，大家都非常認真地聆聽。在提問討論時，A率先舉手發問：「如果顧客以『食物裡有頭髮』為由，要求我們提供優惠，該怎麼辦呢？」

「為了表達歉意，可以提供一張免費兌換券，最多只能這樣。若顧客要太多，我們又輕易答應，會讓許多人覺得會吵的孩子就有糖吃，導致這類型顧客越來越多。」

店長B問：「如果顧客說『我要去衛生局檢舉你們！』，該怎麼回應呢？」

「不需要阻止顧客，而且要主動向衛生局專員報告這件事。只要和顧客發生爭執，或是覺得顧客有可能會去衛生局檢舉的時候，就可以這樣處理。」

「有需要向顧客報告，為什麼會發生這種情形嗎？」A再次問道。

「如果顧客提出要求，可以簡單說明，不需要擔心顧客是不是為了找麻煩，才如此追根究底。不過有時候還是會出現比較麻煩的情形，顧客會很擔心是不是吃了不乾淨的食物，造成身體怎麼樣了。所以說明原因時，重點在於減輕顧客的不安。」

不必擔心顧客去衛生局檢舉，店家反而應該主動會報。

異物Ⅱ

面對客訴時該如何道歉？

學習將危機化為轉機

今天又有店長向我報告，顧客因為「食物裡有頭髮」而責備他，每次接到這種報告，我就會想起自己還是店長的時候，曾經發生過這麼一件事。

當時我在辦公室裡整理帳務，有顧客向新來的服務生反應食物裡有頭髮，服務生馬上向顧客道歉，並急著把食物送回廚房。

儘管服務生行事匆促，是因為一心想著「得快點重做才行」；可是看在顧客眼裡，卻覺得服務生沒把他的話聽完就跑走了，感覺很差。因為顧客很生氣，其他服務生見狀便趕緊通知我過去處理。

如果是奧客，這時一定會扯開嗓門大吼：「你們現在就要給我一個交代！」該名顧客雖然生氣，外表還是很冷靜。這種顧客只要感受到誠意，有可能因此成為忠實顧客。所以我決定要好好展現自己的誠意。

在了解顧客為什麼生氣後，向顧客說明「由於新來的服務生判斷錯誤，才會造成您的困擾」，並向顧客道歉。該名顧客聽了也就不再追究。之後，當該名顧客離開餐廳時，我親手將一張優惠券交給他，並再次向他致歉：「這次造成您的困擾，真的非常抱歉，希望未來願意再給我們一次服務您的機會。」

之後，那名顧客成了我們的老顧客，在我調到總公司之後，我們還是會互寄賀年卡。雖然只是個回憶，但我認為「減少食物裡出現異物的機率」也是我工作的一環，之後來想想該怎麼做吧！

Point 5

在第一時間安撫顧客情緒，讓顧客留下好的印象。

店內應保持乾淨與整潔的形象

昨天是連鎖餐廳客服部經理們的研習會，我問大家：「有沒有什麼方法可以避免食物裡出現異物？」大家熱心地提供意見。討論的結論是，要避免食物裡出現異物，最根本的方法就是「檢視日常業務，防患於未然」。

舉例來說，不要在廚房使用釘書針、圖釘等，除此之外，若在店裡使用固定大小、顏色的橡皮圈，當食物裡出現橡皮圈，比較容易被發現，可以迅速判斷是店家還是顧客的責任。

要避免食物裡出現小蟲，清洗蔬菜的方式非常重要。如果只是把蔬菜放進過濾網裡用消毒液浸泡，雖然輕鬆，但小蟲可能會殘留在過濾網裡；浸泡消毒液後，還是要仔細清洗比較好。

有經理表示，他們曾經因為菜刀太舊，導致食物裡出現菜刀碎片。真是太恐怖了。可見平時勤於保養用品，也是避免食物裡出現異物很重要的一環。

避免食物裡出現頭髮，有個最「根本」的方法——與食品工廠一樣，讓廚房裡每個員工戴上網狀的「衛生帽」（或稱「食品帽」），把頭髮罩起來。說真的，我非常驚訝竟然有餐廳會做到這種程度。

他們會這麼做，是因為「很多時候我們無法判斷，食物裡出現的是員工的頭髮還是顧客的。如果廚房裡每個員工都戴衛生帽，比較容易說服顧客這不是我們造成的。」而且「店裡一定要徹底打掃，連排水孔蓋子的背面都要清潔乾淨。甚至要求員工注重儀表，千萬不要披頭散髮、邋裡邋遢的。」此外還有人說：「只要有了乾淨、清潔的形象，就可以減少這種客訴。」

Point 6

再三確認廚房店裡有沒有使用釘書針、圖釘等危險物品，並妥善控管。

異物Ⅲ

當顧客說：「我要去衛生局檢舉你們！」

即使被顧客威脅也不能屈服

「完蛋了，公司被我害慘了……」才剛過完年，A就打了通事態嚴重的電話給我。據說有名顧客在午餐時間向他抱怨：「你們的生菜沙拉裡有蟲！」雖然A鄭重向那名顧客道歉，對方卻不肯罷手，甚至要求A賠錢。

當A告訴該名顧客本公司禁止員工以賠錢的方式處理客訴，該名顧客便以恐嚇的語氣說：「我要去衛生局檢舉你們這間爛餐廳！」導致A非常擔心，萬一那名顧客真的跑去衛生局檢舉，說不定會害公司歇業……我感受到A的不安。

A繼續說：「我想說只要他答應不去衛生局檢舉，我願意自掏腰包賠錢給他。」

我和A說：「千萬不能這麼做。你現在應該要打電話到衛生局，跟他們報告這件事，讓他們知道那名顧客可能會打電話過去。」「什麼？打電話跟衛生局報告嗎？可是……」A非常驚訝。「衛生方面發生問題，當然要好好跟衛生局報告，接受衛生局的督導啊。」「好，我知道了。」A回答道。

「又不是食物中毒，不可能會歇業，所以不用擔心。」我安撫A之後，便結束這通電話。雖然這件事一點也不光彩，但就算餐廳再怎麼注重衛生，仍舊無法完全避免生菜裡有蟲的情形——想必衛生局的人也能了解這一點。

Point 7

與其受到威脅而煩惱，不如坦承面對，讓事情明朗化。

和衛生局建立信賴關係

衛生局專員到A的分店進行督導。畢竟專員是這方面的專家，一看就知道店裡的衛生管理做得確不確實，因此在A說明將如何避免類似情形再次發生後，專員只有口頭告誡「以後一定要注意」，便離開了。

守護民眾健康與安全是衛生局的工作。當餐廳引起食物中毒，衛生局會對餐廳做出勒令歇業的嚴厲處分。但餐廳也不用因為這樣，就對衛生局避之唯恐不及。只要平時和衛生局建立良好關係，有任何問題都可以請教衛生局，非常值得信賴。

我在店長會議上以A遇到的情形為例，向店長們說明：「大家要積極參加衛生局開設的講座，和衛生局的專員們交換名片，這樣一來，只要有問題也可以請教他們。」

當顧客宣稱「食物裡有刀片」時

偽造「食物裡有異物」要求賠償的詐欺行為屢見不鮮，聽說最近有中年男性假冒大型製造商員工的名義，在許多家餐廳引起相同的問題。他的手法是故意吞下釘書針、刀片碎片，再向餐廳騙取醫療費與精神賠償。儘管他的手法令人咋舌，卻是發生在現實生活中的犯罪行為，不能一笑置之。

所以不要在店裡擺放絕對不能出現在食物裡的物品，否則發生什麼事，會分不清楚那是店裡的，還是奧客自己帶來的。注重員工儀表、維持店裡整潔，不讓奧客有機可趁。這一點非常重要。

萬一顧客表示不小心把異物吞進肚子裡，要到醫院接受治療，一定要派人同行。就算患者並沒有異常症狀，有些醫師還是會依照患者要求，讓患者住院，或者因為認識患者就替對方偽造診斷證明。

Point 8

顧客前往醫院檢查時，派人同行，一起確認醫師的診斷結果。

不適 I

顧客用餐後表示身體不適

當顧客宣稱「食物中毒」時，應冷靜面對

「今天我在你們餐廳用餐，回家後竟然拉肚子，一定是食物中毒！」今天下午三點，我接到這麼一通電話。

顧客抱怨用餐後出現「腹瀉」「腹痛」「嘔吐」等症狀，稱為「不適」類客訴。如果同時有好幾位顧客出現上述情形，可能就是食物中毒。和其他問題相比，食物中毒確實是嚴重許多。

絕大多數的「不適」類客訴，是因為顧客身體狀況欠佳所造成的，與食物中毒無關。只是「在店裡用餐」成了壓倒駱駝的最後一根稻草，使顧客出現腹痛、嘔吐等症狀。有些顧客會擔心「這是食物中毒」，而一味責備店家。
今天接到的這通電話也是如此。「我今天沒吃早餐，中午帶小孩一起去你們餐廳用餐，回到家後我拉肚子，我的小孩也拉肚子，一定是因為吃了你們餐廳的食物才會這樣。你們要給我一個交代！」
仔細詢問及確認他們中午是吃了炸魚後，還吃很多冰淇淋。首先，一早起來什麼也沒吃的情況下，一口氣吃下大量油炸及冰冷的食物，自然對胃不好。再者，父子可能同時間被腸胃型感冒病毒感染，所以一開始身體狀況就不好。而且除了他們，並沒有其他顧客反應有出現類似的情形……
因此我判斷該名顧客並非食物中毒，這點讓我安心許多，接下來就是要想辦法說服這位顧客。而應對時的祕訣在於——讓顧客覺得我們能夠體會他的心情。接著婉轉地告訴他，其他顧客沒有出現這種情形，再者身體狀況不好時吃油炸食物，容易引發腹痛、嘔吐等情形。最後建議顧客到醫院檢查，並承諾日後會再與他聯絡。

Point 9

顧客宣稱食物中毒時，先確認顧客當時點的餐點是什麼，再做後續的處理。

被顧客抱怨時，不要急著解決

昨天打電話來抱怨腹瀉的顧客去看了醫生，醫生告訴他：「應該是感冒引起的。」他有些難為情，但總算解決一個問題。一般來說，顧客身體不適時會比較焦躁、激動，等到症狀消失，顧客就會冷靜下來聽店家解釋。

所以不只是「不適」類客訴，只要顧客的心情遲遲無法平復，儘量不要急著當場解決。可以和顧客說「我們內部會好好討論這件事，之後再與您聯絡」來爭取時間，或是交給主管處理，或承諾與對方見面；只要依照情況決定下一步行動的ＴＰＯ（時間、地點、場合），就能改變顧客的反應。

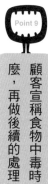

此外，接到「不適」類客訴時，也要主動向衛生局報告。據說某連鎖餐廳在處理「不適」類客訴時，有兩成顧客會無法接受餐廳的說法，因而找上衛生局。然而，就算衛生局介入調查，最後也沒有一件案子被認定為食物中毒。

食物中毒的萬全對策

今天在各連鎖餐廳客服部經理研習會上，我針對這件事詢問大家的意見。就結論而言，預防食物中毒和預防「不適」類客訴有異曲同工之妙。

大型連鎖餐廳大多採取名為「ＨＡＣＣＰ」的衛生管理措拖來預防食物中毒。簡單來說，就是仔細記錄食材從儲藏到調理的所有過程，並且存檔以便日後反覆檢查，降低發生食物中毒的機率。

這樣一來，遇到客訴時就可以根據客觀的紀錄據實以告：「這道料理的食材是以○度保存、○度加熱。此外，當天有某位顧客點了這道料理，但其他顧客都沒有向我們反應這種情形。」懷疑自己食物中毒的顧客比較能夠接受這種說法。就算無法做到這個程度，平常還是要儘可能保留資料、做好檢查工作，努力降低發生食物中毒的機率。

Point 10

務必隨時做好紀錄，如果店家沒有信心，當然無法說服顧客。

不適Ⅱ

不要小看食物過敏

越來越常見的食物過敏

「你們怎麼這麼不注意呢！」某分店裡的顧客拿著布丁，大聲責備服務生。這位顧客在為小朋友點焗飯的兒童套餐時，就對服務生說：「我的小孩對雞蛋過敏，請你確認一下這份套餐有沒有使用雞蛋。」服務生向廚房確認焗飯有沒有使用雞蛋時，忘了確認套餐裡的布丁有沒有使用雞蛋。最近有些餐廳會為食物過敏的人製作無蛋布丁，但本餐廳的布丁用了雞蛋。

由於顧客事前就已經提醒服務生，也難怪顧客會這麼生氣。事實上，大部分因食物過敏造成問題的客訴，都是因為服務生沒有做好確認工作。而最常引發食物過敏的食材有

「雞蛋」、「牛奶」、「小麥」、「蕎麥」、「花生」等。事實上，有許多食材會引發食物過敏。

曾經有位顧客對酸黃瓜過敏，就算他只是用手取出三明治裡的酸黃瓜，手都會變得又紅又腫。（這件事情是顧客自己告訴我們的，我們不知道顧客是對酸黃瓜裡的哪種物質過敏。）

食物過敏會出現紅疹、發癢、腹痛、腹瀉等症狀，如果引發呼吸困難、過敏性休克等症狀，甚至會有生命危險。就這一點來說，食物過敏和食物中毒一樣，是最嚴重的「不適」類客訴。

Point 11

現在日本有10％嬰兒、4～5％幼童、2～3％學童、1～2％成人飽受食物過敏之苦。

（資料來源：日本過敏協會〈了解食物過敏〉）

避免在食物中參雜過敏物質

今天在各連鎖餐廳客服部經理研習會上，我詢問大家如何處理食物過敏。儘管沒有法定義務，但大型連鎖餐廳大多會製作清單，放在餐廳及網站上，讓顧客了解每道料理是否含有二十五種主要過敏物質。

食物過敏的情形因人而異，但可以根據這些資訊詢問專科醫師，即使有食物過敏的問題，也可以放心在外用餐。當顧客詢問料理使用哪些食材時，有些餐廳是交由服務生確認，有些餐廳則是提供清單，讓顧客自行確認。採用後者，是為了避免非日本籍服務生聽錯。

近年來，食物過敏對食物策略影響甚鉅。某連鎖餐廳因為這樣而放棄使用蕎麥粉的新食物，因為只要一點點蕎麥粉不小心混入其他料理，會造成顧客的困擾。

若工廠、餐廳在製造、調理、運送的過程中，不慎使微量過敏物質混入料理中——這種情形稱為「汙染」。像是「用相同的調理器具」、「用相同的油」，很容易發生「汙染」。

如果顧客沒有確認食材就直接食用，因此食物過敏，餐廳不需要負責；但如果顧客提出要求，餐廳卻不小心使用會引發食物過敏的食材，當然就要負責。

Point 12

店長與員工應該都要了解食物過敏的嚴重性，要特別注意。

店家儘量註明食物的成分資訊

前幾天，我有幸和食物過敏專家討論這件事。他建議中小型餐廳，可以在點餐前詢問顧客：「有沒有對哪些食物過敏？」預防顧客出現食物過敏的情形。目前有些餐廳會這麼做，如此一來，所有員工必須正確掌握每道料理使用哪些食材。說真的，能做到這一點的餐廳很少。

接著，他建議至少要在菜單上標示「蕎麥」、「花生」等足以引發過敏性休克的食材。一般加工食品規定要標示這兩種食材，所以很容易掌握。事實上，有許多顧客不知道自己有食物過敏的問題。事實上最了解自己身體狀況畢竟還是顧客，我們只能請顧客自己判斷要吃，還是不要吃。

Point 13

餐廳雖然有提供資訊，在點餐前再向顧客確認一次會比較好。

【註】因時代需求因應食物過敏→日本食品衛生法規定加工食品必須標示「雞蛋」、「牛奶」、「小麥」、「蕎麥」、「花生」、「蝦子」、「螃蟹」等七項食材，並儘可能標示「牛肉」、「柑橘」等十八項食材。餐廳雖然沒有標示義務，但就社會責任而言，許多大型連鎖餐廳在這方面規劃了很完整的制度。

Case Study

化繁為簡的因應之道

顧客與店員說：「萬一我拉肚子怎麼辦！」

「很抱歉，如果您擔心的話可以去看醫生，我們會負擔醫藥費……」前幾天，該名顧客在某分店點了我們推薦的辛辣料理，吃了幾口後發現裡頭還是涼的，便問店長：「這菜是涼的，該不會沒煮熟吧？」原因是分店在使用微波爐加熱中央廚房提供的現成料理時，時間設定錯誤，導致食物沒有完全加熱。店長為了平息顧客的怒氣，承諾會負擔醫藥費。

五小時後，顧客出現腹痛的症狀，並到醫院檢查，診斷結果是「急性腸胃炎」。儘管無法確認腹痛起因，但店長承諾在先，於是我們就賠償了這筆費用。

只是其他點了相同料理的顧客並沒有出現這種情形，我認定顧客腹痛和料理無關。如果遇到這種情形，我們一開始應該要怎麼處理呢？（分區經理A）

客服達人這樣說

症狀與失誤是兩回事

先說結論，這次其實不需負擔醫藥費。如果「餐廳提供的料理」與「顧客出現的症狀」有明確的因果關係，餐廳才需要負擔費用。具體來說，就是衛生局從餐廳、員工等處，採集到與顧客排泄物、嘔吐物中相同的病菌，認定是「食物中毒」的時候。

醫師通常都會把原因不明的腹痛診斷為「急性腸胃炎」，如果是食物中毒，在同一間餐廳吃了同一種食材、料理的人，應該都會出現身體不適的症狀。但這次並非如此。

就這一點而言，應該是顧客身體狀況欠佳才會腹痛。事實上，很多人會因為不習慣辛辣料理，或交錯吃下冷、熱食物而腹痛——要知道，這是顧客自己的責任。不過發生調理失誤時，我們很容易為了安撫顧客而對顧客說：「萬一發生什麼事，我們會支付醫藥費。」

事實上，在不知道該怎麼處理的狀況下，應該要把症狀與失誤視為兩件事，也就是簡化問題，這樣一來，就可以依照固有原則來判斷。比如說將這次的「顧客因為吃了沒有完全加熱的食物而腹痛」，分成因時間設定錯誤而「提供了有缺陷的食物」，以及「顧客腹痛」兩件事。

這樣一來，該如何處理就一目了然。既然提供了有缺陷的食物，那只有兩種處理方法——不是重新製作一份餐點，就是退錢。我們不需要負擔超過這個範圍的責任。另一方面，當顧客問：「萬一我肚子痛怎麼辦？」店家可以回答：「如果『確定』是因本店料理所引起的，我們願意負擔醫藥費。」

Case Study

遇上貪小便宜的顧客

為了要求賠償而雞蛋裡挑骨頭……

按某連鎖餐廳客服部經理的說法，只是為了喝飲料不用付錢而抱怨的奧客越來越多。其中，有一名攜家帶眷的奧客，甚至在幾間加盟外相研的連鎖餐廳中引起熱烈討論。

這名奧客會以一些沒憑沒據的理由威脅看起來好欺負的店長：「你們的服務態度很差！」以騙取免費餐券。接著在該連鎖餐廳的其他分店使用免費餐券，並強迫店長開立發票或收據。因為使用免費餐券無法要求店家開發票或收據，因此這名奧客就在店裡大吵大鬧，店長為了避免造成其他顧客困擾，只好硬著頭皮替該名奧客開立收據。

之後，又以「你們店長的態度很差」、「外帶餐點根本都是冷的」等莫名其妙的理由，向該連鎖餐廳的總公司要求退還收據開立的金額。當然，該連鎖餐廳不可能答應對方的要求。之後該連鎖餐廳在外相研網絡調查這名奧客，這才發現這名奧客使用好幾個假名，不斷以相同手法在其他連鎖餐廳騙取賠償。

雖然這件事聽起來很誇張，但這種貪小便宜的顧客真的越來越多。他們的手法不外乎以「你們的食物裡有異物，要給我一個交代！」為由騙取免費餐券，或者以「我一坐下，身上的名牌衣服就弄髒了，你們要賠！」為由來騙取賠償。

客服達人這樣說

重新製作餐點就要收取費用

前幾天，顧客在某分店抱怨：「我的食物裡有樹枝。」食物裡的確有長約兩公分，看起來像是樹枝的物體。顧客問店長：「這是什麼？」店長無法立刻回答，只說：「請讓我調查一下。」

當大型連鎖餐廳不清楚異物是什麼，一般會請公司裡的品質管理部門或民間公司（一次的檢查費用大約一萬～兩萬）進行調查，而且會向衛生局報告。即使要花費金錢與時間，但這也是危機管理的一環。

之後，店長到那位顧客府上拜訪，向顧客報告——那的確是植物的一部分，但無法確定是哪一種植物。結果顧客破口大罵：「那就調查到確定為止啊！」、「拿出你們的誠意來！」由於公司指示店長必須拒絕做不到的事情，所以最後只能告訴顧客：「本公司能做的就是向您報告調查結果。」

「異物」類客訴最難處理的部分，就是結帳時顧客會問：「你們要跟我收錢？」事實上，這次的顧客也是如此。因為我們重新做了一份餐點給顧客，當然還是要收取費用。

食物裡出現異物，一般來說不是重做就是不收錢。因為店家造成顧客不愉快，顧客要求店家免費提供料理或賠償——這是件非常奇怪的事。歉意無法用金錢取代。我認為發生問題時，店長要遞上名片，親自向顧客致歉，並在顧客結帳、離開時，再次表達歉意，努力挽回顧客的信賴。這不僅能避免奧客以食物裡有異物來佔便宜，也能在一般顧客心中建立良好形象。

衣服汙損的賠償問題很容易越演越烈

不管是奧客自導自演，還是店家的責任，衣服汙損的賠償問題很容易越演越烈。當顧客擅自坐在還沒有整理好的座位，服務生正在整理桌面時，很容易弄髒顧客的衣服。因此這個時候要請顧客先站起來，並向顧客說：「抱歉讓您久等，為了怕弄髒您的衣服，請您先在接待處等一下，座位整理好後，再讓您入座。」如果先講了這句話，假使真的弄髒顧客的衣服，處理起來也會大不相同。

曾經有顧客向某分店要求：「我的古董牛仔褲被你們弄髒了，請你們負擔清洗費用，並且賠我一件新的牛仔褲。」將汙損的衣物恢復原貌是店家的責任，店家可以做的是將衣服恢復原貌，但不需要賠償新的褲子給顧客。

這時候，顧客應該要告知店家修理業者的聯絡方式。如果顧客無法提供必要資訊，店家也就不需要與對方周旋。

客訴專家講座速成班（一）

成功解決客訴的重點守則

餐廳容易出現的客訴

最常出現的三種客訴：

1. 食物裡出現頭髮或小蟲（「異物」類客訴）
2. 弄髒顧客的衣服（「汙損」類客訴）
3. 引發顧客食物中毒或身體不適（「不適」類客訴）

面對客訴的基本態度

想一想顧客的心情！

1. 不滿店家提供的服務。
2. 不要覺得顧客的怒氣、不快事不關己，思考該如何解決時，一定要設身處地，站在顧客的角度想。首先，好好聆聽顧客的想法。關鍵在於「將心比心」。

為什麼顧客會抱怨？

顧客之所以會不爽，通常是因為：

1. 不滿店家提供的服務。
2. 對店員的態度（應對）感到不舒服。

有99％的顧客不是奧客。

危機就是轉機

客訴等於顧客願意指出店家做得不夠好的地方，是店家進步的好機會。店家只要妥善應對、學習改善之道，就能提升顧客滿意度及業績。

處理「異物」類客訴

必須尊重顧客

當食物裡出現異物，要尊重顧客，讓顧客決定是讓店家重新做一份餐點還是退錢。

道歉時的重點

首先，要特別注意顧客的身體狀況與心情。如果顧客還沒有完全把話說完，就告訴顧客可以退錢，有些顧客會覺得「你是不是想要用錢打發我？」如果需要提供優惠，最多只能提供一張食物免費兌換券。

如何預防「異物」類客訴？

1. 員工要注重儀表、確實清潔制服。
2. 員工頭髮要確實固定。
3. 確實做好店內的清潔工作。
4. 廚房裡不能出現釘書針等物品。

處理「汙損」類客訴

在第一時間詢問顧客「您有沒有受傷？」

衣服汙損是造成顧客莫大困擾的客訴之一。衣服被弄髒，顧客當然會生氣；而員工應對欠佳，會讓顧客更生氣。所以「您有沒有受傷」這句話一定要說。如果弄髒女性顧客的衣服，原則上要讓女性員工處理；若是由男性員工處理，一定要將布交給顧客，拜託顧客自己擦拭。平常就要準備乾淨的白布，並確認附近有哪些可以提供緊急協助的洗衣店，以防萬一。

不要輕易說出：「我們會賠償。」

弄髒顧客的衣物時，協助將衣物恢復原貌即可。如果要送洗，負擔送洗的費用；如果為顧客代購替換衣物，那麼送回顧客原本的衣物時要記得取回。另外，店家必須先擬定賠償新品的標準。

展現歉意的程度

清除衣物上的汙漬，讓衣物恢復原貌是理所當然的，店家應該要先設想——萬一造成顧客的困擾，是不是該提供額外的服務。

處理「不適」類客訴

不需要焦急，因為絕大部分的客訴都是誤會

顧客表示身體不適，絕大部分是因為顧客身體狀況欠佳造成的，和食物中毒無關。儘管在店裡用餐只是引發顧客腹痛、嘔吐的「最後一根稻草」，但許多顧客會擔心「這是食物中毒」而感到不安。所以要謹慎處理，化解誤會。

如何面對身體不適的顧客

1. 注意顧客身體狀況。
2. 確認顧客什麼時候吃了什麼、什麼時候覺得身體不適。
3. 確認有沒有其他顧客出現相同症狀。（若是連鎖餐廳，要確認其他分店有沒有顧客出現相同症狀）。
4. 向衛生局報告。

讓抱怨的奧客成為忠實顧客！

懷抱感恩的心

顧客基於各種理由選擇在此用餐，我們不能背叛顧客的期待。

員工要懂得察言觀色

大聲喧嘩又遲遲不肯離去的顧客，會造成其他顧客的困擾，一定要儘早制止。如果是一群顧客，可以和召集人之類的代表溝通。如果一開始沒處理好，那麼顧客的水準就會越來越低。

負責外場的服務生一定要隨時注意顧客的表情，顧客會以眼神、表情來求救。此外，像是盤子一空就收走等，提供頻繁的服務也很重要。如果能強調這種感覺，就可以吸引高水準的顧客，建立店家與顧客之間的良好關係。

提醒顧客的重點

絕對不能以指責的語氣提醒顧客，像是提醒在禁菸區抽菸的顧客時，要先以「沒有先提醒您，真的很抱歉」的態度向顧客致歉，這樣就能大幅降低顧客不愉快的機率。

妥善處理客訴＝服務一流

懂得如何處理客訴的員工，就能提供一流的服務——因為他們知道要怎麼做，顧客才會高興，行動時會以顧客的心情為優先。

服務顧客時「將心比心」最重要。處理客訴沒有100％的守則，只要多用一點心，一定能想到許多化危機為轉機的點子。

第四章

突如其來的客訴該如何接招

平時做好準備，不怕顧客來抱怨

如何避免找錯錢？

就算是誤會也要認真面對

「我五天前去分店消費，後來發現你們員工找錯錢……」下午三點左右，我接到這麼一通電話。

這位顧客表示，當天他點了漢堡排套餐，有附飲料、蛋糕，一共是一千五百圓。結帳時，他拿一張一萬圓鈔票支付，照理來說員工應該要找八千五百圓給他。但後來發現錢包裡只有四千圓。

雖然他沒有收據，但他想了許多可能性，還是認為員工在找錢時，原本要給他一張五千圓、三張一千圓的鈔票，卻拿成四張一千圓鈔票，所以希望我們退錢給他。我請顧客留下姓名與聯絡方式，並表示該店調查完後會回覆電話給他。

當顧客發現找錯錢時，通常都不會是用餐當天，因為很少人會當下確認店家找的錢，所以就算錢少了，也不會立刻發現。

事後顧客覺得錢包裡的錢，和自己心裡的數字有很大的出入時，會認為是店家找錯錢，然後向店家反應。當然，很少有人會要求店家退還幾十圓、幾百圓的零錢，而且忘了當場確認金額的顧客也會自知理虧，態度通常不會太強硬。

要確認是否找錯錢，首先要調出顧客用餐當天的營業額與收銀紀錄是否有出入。如果當日收銀紀錄有多，而且就是顧客說的金額，那麼員工找錯錢的可能性就非常高。

結果當天的差額只有幾百圓。而且，在顧客指出的時段，並沒有人以一萬圓鈔票支付一千五百圓的餐費。因此我肯定這次客訴是場誤會，也決定不退錢給顧客。

Point 1

如果顧客宣稱找錯錢，先請顧客留下聯絡方式，再與他連絡。

拿出誠意與找出證據說服顧客

首先要讓顧客明白這是一場誤會，必須展現將心比心的誠意。我告訴顧客，我了解他覺得四千圓憑空消失的心情，接著再拿出證據表示這件事與我們無關。並且告訴顧客，餐廳很常發現營業額與收銀紀錄不一的情形，通常只會差幾十圓或幾百圓。也就是先承認我們的確有可能找錯錢。之後詳細說明顧客用餐當天的收銀紀錄：「沒有發現這麼大的差額，導致於無法退錢。」更進一步表示：「如果您覺得有必要，我們可以提供當天的收銀紀錄給您參考。」

儘管顧客感覺有些失望，但還是心服口服地接受了。

Point 2

顧客還是有所疑惑時，可以提供收銀紀錄給顧客。

一定要確實做到現金管理

幾天後，我和某店店長通電話，店長問：「那位顧客會不會向其他人抱怨這件事？」我說：「顧客已經知道這是一場誤會，而且這和食物裡出現異物不一樣，就算告訴其他人，也不會影響到我們的形象。畢竟大部分的人都會覺得找錢的時候，顧客應該也要當場確認金額有無錯誤才對。」

如果顧客拿大鈔結帳，找錢時一定要在顧客面前把鈔票算清楚，這樣除了方便自己確認，同時也能讓顧客確認。此外，平常就做好現金管理，才能避免這種情形發生。

舉例來說，儘可能隨時點收收銀機裡的金額。需要支付貨款等費用時，不要直接從收銀機裡拿錢。如果確實做到這幾點，不僅發生問題時可以迅速確認，也能避免員工偷竊。

找錢給顧客時，一定要在顧客面前把找錢算清楚，避免發生不必要的紛爭。

顧客在店裡吵架該怎麼辦？

店家到底該不該出手幫忙

一對男女顧客在店裡用餐時，一名男性突然衝進來，接著兩名男性就起了爭執，甚至打架。員工見狀立刻報警，警方趕到之後便把三人帶走。

昨天深夜，某分店店長緊急聯絡我。那名後來衝進店裡的男性，是女性顧客的男朋友，也就是說，他發現女朋友劈腿才會這麼生氣。今天一早，我正要把這件事寫成報告的時候，那名女性顧客打電話來抱怨：「你們那時候為什麼不幫忙？真是太過份了！」她認為如果店員幫忙勸架，和她一起用餐的男性顧客就不會受傷。

但我認為勸架太危險了，我們不能讓員工受傷，也不能讓對方受傷。雖然她現在很激動，但我也只能向她說明我們的立場，相信等她冷靜下來，就會明白其中的道理。

這次我們請警方出面處理，但不管店裡發生什麼事，只要和我們無關，原則上都要請顧客自己解決。事實上這樣一來，絕大部分的事都可以圓滿解決。就算顧客有金錢上的損失，我們也不需要負擔，更不需要道歉。

比如說顧客在店裡走動時，不小心撞到其他顧客，導致顧客的衣服被飲料打翻。這時候，店裡的服務生當然要提供擦拭用的布並協助清潔，但送洗費用等賠償，就要讓當事者自己協商，不可以介入。一旦介入，站在哪一邊都不對，甚至有可能揹上黑鍋。

如果有需要，我們可以適時提供辦公室等空間讓當事者協商，要記得，雖然不能捲入顧客之間的糾紛，但也不能讓顧客覺得「這間餐廳真冷淡」。

Point 4

店家立場要中立，顧客在店裡發生糾紛時，讓警方或當事人自己處理。

店長的心意讓人感動

今天召開店長會議時，我向店長們報告這件事，並提醒店長們該如何處理發生在顧客之間的糾紛。某店長舉手發問：「如果有一位顧客把另一位顧客的衣服弄髒，就這樣離開餐廳，我們該怎麼辦？」

「原則上這是兩位顧客之間的問題，但如果衣服汙損的情形很嚴重，店長可以用『慰問』的名義負擔一些費用，但頂多就是送洗費用。如果我們過度介入，久了顧客就會覺得這些理所當然，甚至會為了騙取賠償而結夥到店裡，刻意製造衣服汙損的情形。」最後，我和店長們分享一個故事。

曾經有顧客到某分店用餐時，把車停在附近停車場，用餐後發現車上的貴重物品被偷，於是報警處理，在店裡折騰了好一陣子。當時該分店的店長特意招待他喝咖啡：「您難得來我們餐廳消費，希望讓您覺得至少遇到一件好事。」隔天，那位顧客打電話到總公司來向我們道謝。

店家要確實把關，絕不能讓未成年顧客抽菸

如果和我們無關就不介入——但是也有例外，像是未成年顧客抽菸。客層較年輕的餐廳經常有顧客抱怨國中生、高中生抽菸，如果發生這種情形，員工一定要立刻制止：「你們不可以抽菸。」如果對方不接受，就和學校聯絡；或者對方是不良少年，就通知警方處理。如果一開始沒有處理好，餐廳就會變成不良少年的聚集地，導致一般顧客退避三舍。

未成年顧客抽菸通常發生在學校放假時，因為快放假了，因此我今天寄了一封信提醒各分店店長注意這件事。

Point 5

店家要避免店裡變成不良少年的聚集地。

如何避免顧客坐著不走？

能不能請您幫忙減少其他顧客等待的時間……

「喂！你們要讓我等多久？」午餐時間，有位顧客因為等不到空位而破口大罵。服務生立刻通知店長前來安撫顧客，但顧客的怒氣卻遲遲無法平息，甚至指著坐在座位上的男性顧客說：「有人吃完了還不肯走，才一直沒有空位。你們快想想辦法吧！」

正如這位顧客所言，那位男性顧客用餐後仍留在座位上閱讀報章雜誌，至少坐了三十分鐘以上。於是店長A委婉地向那位男性顧客說：「真的很抱歉，因為午餐時間人比較多，不知道能不能請您幫忙減少其他顧客等待的時間……」

店長A沒有直接說「請您把位置讓出來」是正確的，這樣可以避免讓對方覺得沒有面

子，事情才得以圓滿解決。

那位男性顧客有把店長的話聽進去，最後起身結帳時卻非常生氣：「其他人也吃完了，為什麼你只趕我走呢？」由於他的嗓門非常大，其他顧客都轉過頭來看，直到那位男性顧客離開。

A向我報告這件事後，我問：「當時店裡還有其他顧客跟那位顧客一樣，用完餐後一直留在座位上嗎？」A表示：「我沒有特別注意。但平常午餐時間，真的有許多顧客會坐著不走，讓我們很傷腦筋。」

我說：「公平對待顧客是大原則。如果其他顧客也是如此，就要請其他顧客也讓出座位。這點要特別注意。」接著我想到一個點子。「下星期開完店長會議之後，你有時間嗎？」

「嗯，有！」

「那請你把時間空下來。」接著我們就結束這通電話。

減少「問題顧客」的方法

上午的店長會議結束後，我帶A前往資深店長B的分店，B的分店不僅業績好，客訴也很少，是間優良分店。雖然正好是忙碌的午餐時間，但我還是請B讓我們了解他們外場服務生的工作情形。

過了一會兒，我問A：「看出來這裡跟你的分店有什麼不同嗎？」

A說：「服務生會注意顧客的水杯，如果空了，會自動去加水，還有，他們收空盤的速度也很快。」他說對了，這裡外場的服務生隨時都在觀察顧客。「還有什麼不一樣的地方嗎？」我問。

「嗯！他們的顧客用完餐就會離開，不會一直坐著不走。」

「沒錯，基本上如果服務生隨時都在注意顧客，而且工作地很勤快。顧客就會知道因為人很多，所以不會坐著不走，這是一種友善的表現。」

B分店會和顧客建立友善的關係。A點頭表示認同。「如果顧客在店裡大聲喧嘩，很容易造成其他顧客的困擾，也會讓其他顧客覺得不舒服，所以一定要儘早處理。如果沒有隨時觀察顧客，就會吸引更多『問題顧客』。」

A和我說：「我今天真的學到很多，之後還請您多多指教。」

「你才剛當上店長沒有多久，只要努力，很快就會成為優秀的店長。」我說。

Point 6

勤於服務顧客，可以營造快速用餐結帳的氣氛。

面對「問題顧客」的態度

今天在連鎖餐廳客服部經理的研習會上，我詢問其他餐廳平常是如何面對「問題顧客」。

曾經有位顧客一直坐在座位上，然後帶著東西到洗手間去，服務生以為顧客離開了，就把桌上的水杯收走。雖然那位顧客當場沒有說什麼，事後卻打電話抱怨：「為什麼擅自收走我的杯子？」

通常顧客只是想把心裡的話說出來，說出來之後就沒事了。就算顧客當場要求「再倒一杯水給我」，店家也不需要答應。有些店長為了避免發生這種客訴，會把顧客沒有吃完的餐點、和放在座位上的報紙先收在倉庫裡，確認顧客已經離開後再收拾。

有些客服經理認為應該在店裡張貼「禁止閱讀書報」的標示，但有些人卻反對，因為這些標示可能會影響店裡的氣氛。如果真的要貼，也要貼在不起眼的地方，假使遇到坐著不走的顧客，再請對方留意標示就好。

在人很多的時候，可以請坐著不走的顧客把座位空出來，不是為了提升翻桌率，而是為了滿足每個想在我們餐廳用餐的顧客。只要以此為標準，自然勇於面對問題顧客，也會比較有說服力。

當居民要求店家搬遷時……

附近住戶受不了餐廳的氣味

「你們餐廳真的很臭，快點想辦法解決！」餐廳A的某家分店與出租公寓為鄰，一名剛搬進去的男性住戶每天都到店裡抱怨。儘管這間公寓有幾十名住戶，這還是第一次有住戶和我們抱怨。

只要我們繼續營業，就不可能立刻解決氣味的問題。「為什麼你們不想辦法解決？不然你們就搬走啊！」男性住戶的怒氣與日俱增。

就算店家的氣味、聲音造成四週居民的困擾，員工往往會因為身處其中而沒有感覺。

我接到通知後便親自去檢查，雖然外頭的確聞得到油煙味，但還在一般餐廳的平均標準值內。

既然住戶抗議，我決定儘一切可能來改善這個狀況。我們花了一筆錢，請清潔公司徹底清潔通風管並更換濾網，大幅減少油煙味。我向男性住戶報告此事，原本我想他應該能接受，沒想到他不旦無法接受，之後還是不斷的抗議。真是讓人無可奈何，我決定不再與那名男性協商、溝通。

之所以決定這麼做，有兩個原因。首先，我自認我們已經做了所有能做的事。再者，絕大多數的居民都沒有反應這個問題。那名男性在決定搬來之前，應該已經知道旁邊有間餐廳，那就表示——他知道住在這裡多少都會聞到餐廳的油煙味，怎麼能要求我們搬遷呢？

後來那名男性住戶到環保局檢舉，環保局便到分店進行調查，但調查結果也是「不成問題」。

如何管理噪音問題？

除了氣味，還有一個最常抱怨的問題就是噪音。比如說在附設停車場的餐廳，用完餐的顧客、外帶餐點的顧客在停車場聊天，如果四週住宅都很安靜，那麼顧客們聊天的聲音就會特別明顯，造成居民的困擾。因此有些餐廳會在停車場張貼「請控制說話音量」的標示。

如果室外設有吸菸區，要注意的不是在那裡抽菸的顧客，而是在那裡抽菸的員工。顧客抽菸大多是一個人，員工不但會穿著制服，還會好幾個人說說笑笑。這種情形絕對不能發生。

Point 7

在深夜時，儘量要求顧客或是員工降低音量。

店長扮演非常重要的角色

居民有時候會抗議營業到深夜的店家很吵，店家甚至會因此而縮短營業時間。就長遠的眼光來看，我們一定要和附近居民打好關係，否則做起生意會遇到很多問題。某連鎖餐廳客服部經理表示：「附近居民會不會受不了餐廳的氣味、聲音，其實取決於他們對餐廳的印象。」

店長必須要求員工不只是將店門口打掃乾淨、還要很有精神地向居民打招呼，可以的話不時提供附近居民免費飲料券，這樣就可以降低附近居民抱怨的機率。雖然大型連鎖餐廳鼓勵店長們這麼做，但也沒有強制性。不過有趣的是，和附近居民關係良好的分店，通常員工士氣比較高，業績也比較好。

Point 8

平時就和附近住戶保持良好的關係，對店家有幫助。

如何避免負面評價在網路上流傳？

在社群網路發布訊息，要注意內容文字

「你們餐廳是怎麼回事？」前幾天，我們突然接到大量電話與電子郵件。起因是某間分店的工讀生在社群網站上張貼了一些照片。

餐廳打烊之後，工讀生在餐廳裡聚餐，包括那名工讀生，一看就知道參加聚餐的人都喝得醉醺醺的。那名工讀生在照片說明的地方寫道——「喝成這樣，我竟然還可以開車送大家回家！」

那名工讀生穿著制服，那張照片甚至有照到其他人的名牌。大家看照片，一下就可以認出那是哪間餐廳的分店。也就是說，那名工讀生在社群網站上宣告：「我們餐廳贊成酒後駕車。」這當然是不對的。

根據社群網站的資訊，我立刻著手確認事情的來龍去脈。我問那名工讀生還有其他參加聚餐的員工，所幸，他們每個人都說那天是由沒有喝酒的員工開車送大家回家的，沒有人酒後駕車。

那麼，為什麼那名工讀生要這樣寫？其實就連那名工讀生自己也不知道為什麼，或許是當時他覺得「酒後駕車」這個說法比較能炒熱氣氛，卻沒有考慮到照片可能會被其他人看見。

我們立刻要求工讀生刪除那張照片，並予以嚴懲。另一方面，我們除了向提供資訊的人報告最後的調查結果，也鄭重表達謝意。如果不是他們即時提供資訊，我們餐廳的名譽將會受到更大的傷害。

之前也有發生過許多類似的情形。像是大型連鎖速食餐廳的工讀生拿餐廳裡的食材來惡作劇，並且把影片上傳到影片分享網站，或者是在社群網站上謊稱他們曾經把蟑螂放到食物裡一起油炸——這些藐視顧客的內容，在網路上很容易受到強烈譴責。

Point 9

告知工讀生不能因一時好玩，而在網路上發布會損害到公司名譽的字句。

不要太在意匿名的評論

今天召開店長會議時，我向店長們說明日前發生的事，並請店長們協助轉告員工——使用社群網站或影片分享網站時，一定要注意內容若是被其他人看見，會不會影響餐廳名譽。

最後我提醒大家：「若是有人匿名在網路上散布關於餐廳的不實謠言，其他人不一定會當真，所以不會影響餐廳的名譽。就連大型連鎖餐廳也不太在意這種匿名評論。相反的，如果在社群網站上具名評論，就算內容是假的，其他人看了也會相信，甚至會引起很大的騷動。」

如何處理電子客訴郵件最恰當

網路越來越發達的時代，工讀生的惡行惡狀有可能損害到餐廳的名譽。正如我前面所說，就算只是工讀生的一句話，也會在網路上流傳，甚至出現在報章雜誌上。最後，總公司就會接到大量抗議電話與電子郵件。

一般接到顧客的電子郵件，都會以電子郵件回覆，但在大量抗議的情形下，我們不可能一一回覆，所以會在公司網頁上說明調查結果與處理方式，並寄送電子郵件給提供資訊的人。

據說提供資訊的人當中，幾乎沒有人會對處理方式有所怨言。而提供資訊的人絕大多數都是因為「義憤填膺」，所以我們要確實在網頁上說明整件事的來龍去脈及後續處理方式。只要善盡社會責任，他們一定能夠接受。

現在有許多連鎖餐廳會收到電子郵件，回覆時特別容易出現的錯誤就是——用類似的信件更改內文寄給對方時，忘了更改內文出現的姓名。這種錯誤很容易激怒對方，一定要特別注意，請其他員工幫忙確認後再寄出。

Point 10

以電子郵件處理客訴，一來一往很容易沒完沒了，所以要先想好應對的規則，在適當的時機結案。

如果發現老鼠在餐廳裡跑來跑去……

有如電影般的情節竟然在現實生活裡上演

某分店曾發生貓和老鼠從天花板上掉下來，然後在餐廳裡跑來跑去的狀況。雖然最後貓和老鼠從餐廳跑出去，但顧客早就失去用餐的心情。為了表達歉意，我們除了退還餐費還致贈免費餐券。之後只能暫停營業半天，召集鄰近分店的員工，在衛生局的指導下進行消毒。

雖然這個案例感覺只會出現在電影裡，但斷言「餐廳裡一定會有老鼠」並不誇張。有些餐廳才樂見「最近蟑螂變少了」，接著就發現老鼠變多了，因為聽說蟑螂是老鼠的食物之一。然而，一般顧客不會知道這件事。在店裡看見老鼠的顧客，通常會因為過於驚訝而忘了要生氣。問題是，等顧客冷靜下來，自然就會產生一連串的疑問。

餐廳裡有老鼠！嚇死我了↓為什麼餐廳會有老鼠？↓餐廳裡有老鼠，那食物安全嗎？↓老鼠跑過的地方會消毒嗎？

該如何賠償顧客正在食用的餐點？

當顧客看見老鼠，大多會希望餐廳針對①現在正在吃的食物、②消毒工作、③避免再次發生相同情形，以上三點進行處理。

一般來說，加盟外相研的連鎖餐廳在發生這種情形的時候，只要顧客不願意繼續吃正在吃的食物，那麼不是把餐費退還給顧客，就是重新製作一份。如果重新製作一份，就要收錢。餐廳不需要因為顧客看見老鼠，支付任何「精神賠償」費用，最多可以為了表達歉意而致贈一張免費餐券。

如果顧客願意繼續用餐，記得協助顧客更換座位，遠離老鼠出現的地方。協助顧客更換座位，不僅是為了改變顧客的心情，也是為了方便消毒。此外，許多連鎖餐廳會事後向顧客們報告改善策略——避免再次發生相同情形。

Point 11

顧客要求重新製作餐點，是需要付費的，因為老鼠並不是直接出現在餐點上。

勤勞打掃，不讓牠們有機可趁

我在召開店長會議時說：「餐廳裡有許多適合蟑螂、老鼠生存的地方，像是微波爐、冰箱的背面與下方、垃圾桶四週，還有製冰機橡皮部分、插座等。」

店長們都點頭表示認同。「為了避免蟑螂滋生，冬天的時候一定要徹底清潔廚具下方，夏天的時候要特別注意冰箱、製冰機等有水的地方。牠們跟人一樣，冬天也會怕冷，夏天也會怕熱。」店長們都笑了。

「出現在餐廳裡的蟑螂大多比較怕冷，所以冬天的時候，只要打烊後讓換氣扇繼續開著，就可以減少蟑螂的數量。大家可以試試看。」

此外，廚房要隨時保持乾燥。不要在餐廳裡放置紙箱、包裝材料、用過的塑膠袋。潮濕的紙箱對蟑螂來說就像天堂一樣，就算是放在餐廳外頭也要特別注意，最好不要放在後門、垃圾桶附近。如果餐廳裡設有油水分離槽，要每天清理，避免蟑螂、蒼蠅滋生。另一方面，老鼠會從天花板、地板、管路等縫隙跑進餐廳裡。老鼠經過的地方會出現許多老鼠的毛與排泄物，可以將這些地方用金屬網、黏土封起來。

Point 12

餐廳多少會有老鼠、蒼蠅、蟑螂、螞蟻等蚊蟲，為了不讓牠們出現，最好的方法就是勤打掃。

如何減少「一個指令一個動作」的員工？

再忙也不要忘記接待顧客的基本原則

「我們枯坐了十分鐘，服務生才過來點餐！到底是怎麼回事？」曾經有顧客向某連鎖餐廳客服部經理A抱怨。

許多連鎖餐廳規定服務生必須在「顧客闔上菜單時」、「顧客轉頭找服務生時」過去點餐。雖然A的餐廳沒有這種規定，但就連A自己也覺得奇怪，「只要觀察一下顧客，就會發現很多人想點餐，為什麼服務生卻一點反應也沒有呢？」

顧客向連鎖餐廳抱怨的問題大多與服務態度有關，而且以「服務生沒有好好說『歡迎光臨』」、「等很久才有服務生來點餐」這兩個問題最多。我們只要解決這兩個問題，就可以大幅減少這類客訴。但為什麼這兩個問題很難做到？

Point 13

員工一定要學會以機動性的態度來服務顧客。

什麼服務態度容易引起顧客誤會？

另一間餐廳的客服部經理B表示：「服務生之所以會讓顧客覺得不愉快，是因為他們像『機器人』一樣。」

比如說，正在擦桌子的服務生喊「歡迎光臨」的時候不夠大聲，而且沒有看著顧客——事實上服務生並沒有惡意，只是忘了把顧客放在最優先的位置，覺得擦桌子比顧客重要。這樣顧客就會覺得服務生無心招呼。

速食連鎖餐廳的主管吩咐員工去整理二樓的垃圾區，員工只要稍微留意，應該就可以注意到空位上都是垃圾，或是冷氣溫度太高或太低，卻因為一心只想著要整理垃圾區，而對這些狀況視而不見。這樣顧客會覺得員工不夠週到。

那麼，我們該如何避免員工「一個指令一個動作」呢？B表示：「聽到顧客道謝的次數越多，員工成長得越快。」

員工C曾經因為一名獨自到餐廳消費的小朋友身體不舒服，決定帶小朋友到醫院看診，後來小朋友的父母不停的向C道謝。從那時候開始，C招呼顧客時就比以往細心、勤快許多。

Point 14

顧客的一句「謝謝」，會成為員工非常大的動力。

鼓勵員工向最優秀的人看齊

話雖如此，如果所有員工的服務態度都不過爾爾，就很難出現讓顧客不停道謝的情形，此時最簡單的方法是「所有人都向店裡最優秀的人看齊」。

如果單方面要求大家向最優秀的人看齊，效果不好的話，一定要讓大家自己覺得「我要向那個人看齊」才行。店長可以在空閒的時候，不經意地看著最優秀的服務生說：「他為什麼這麼受歡迎呢？」讓大家自己去尋找答案。人一定要經過省思，才會成長。

第五章

沒有必要理會不合理的要求

學會三不：不害怕、不畏縮、不挑釁

如果被奧客威脅，該報警處理嗎？

看起來不太友善的人到總公司……

事情發生在傍晚，工作告一段落的時候。有兩個看起來像流氓的人到總公司來說：「這是你們店長A寫的道歉信，既然他本人都承認錯誤了，你們是不是應該表現一下誠意？」

事情是這樣的。他們在店裡用餐時，發現食物裡有蜷曲的體毛，立刻向店長抗議。因為他們不滿意店長的回應，便與店長約在外頭，並要求店長寫下這封道歉信。

強迫員工寫道歉信，以此為證據要求金錢賠償，這是非常典型的「勒索」。相信食物裡出現的體毛也是他們故意放進去的。我不知道他們是否為幫派份子，但面對流氓、奧客，我們有一定的因應之道。

採取毅然的態度

首先，談判時人數要比對方多，而且要選在對我們有利的地方。由於這次對方有兩個人，所以我和兩名男性部下一起面談。只要人數比對方多，心理上就會比較輕鬆。一定要避免單獨與對方面談，否則很容易陷入恐慌。

再者，要極力避免到對方指定的地方，並儘可能和對方約在公司裡的會客室或公共場所見面。如果一定得到對方公司、住家去，可以事先到附近的派出所，向負責的員警報備，能減輕心理負擔。也可以告訴對方這個事實，給對方一些壓力。此外，控制時間也很重要，「我們公司規定面談時間為一～兩小時」。

Point 1

為了安全起見，談判時最好找同事兩人以上一起同行。

用錄音或錄影的方式，把對話錄下來

我在與對方面談時，都會說：「為了表達我們的誠意，我會把我們的對話過程錄下來。」萬一發生什麼事，這些紀錄能派上很大用處。當對方不斷重複：「拿出你們的誠意。」這時我會回應：「您說的誠意，是指？」說這句話就是為了要留下對方要求金錢賠償的證據。

Point 2

把對話錄下來，以便日後可以做為有效的證據。

絕不當下承諾無法兌現的支票

當談判已經超過兩小時，雙方仍無法取得共識時，儘管對方不斷要求「今天就要給我答案」，我還是會請對方先離開。並和對方說：「我必須徵詢公司法律顧問的意見之後，我們內部會再討論，並以書面回覆給您。」

對方會要求對自己有利的條件，如果馬上做出結論，就會讓對方得逞。當然我的態度也很堅定，對方覺得沒轍，就氣呼呼地走了。

Point 3

馬上要求承諾是奧客經常使用的手段，切記不能被對方牽著鼻子走。

不要掉入顧客的陷阱

隔天，我請店長A到總公司來。「為什麼那時候沒有報告呢？」A君沮喪地說：「那時候他們在店裡大吼大叫，我嚇得腦海裡一片空白。因為我不想讓員工們擔心，所以裝出冷靜的樣子，可是後來真的不知道該怎麼辦才好……好不容易才請他們離開，沒想到他們隔天卻把我叫出去，跟我說：『只要你寫道歉信，我們就原諒你。』」

「那是流氓、奧客慣用的手段。他們是威脅高手，你害怕也是理所當然。像寫道歉信這件事，我們都知道不能輕易答應，但如果他們威脅你：『你不寫的話，就不讓你回去。』那就真的沒有辦法，只好先答應對方，之後再來想辦法處理。不過再怎麼說，你都應該要跟公司報告，不能一個人悶在心裡。」

「真的很抱歉。」A熱淚盈眶說著。

詐欺手法

你是負責人吧？你要怎麼負責？

當對方說自己是同業時……

「你們的食物裡面有玻璃，我的嘴被刮到了！」前幾天，有位男性顧客在某分店跟店長Ａ說，並給店長Ａ看他從嘴裡拿出來的玻璃片。

「我們到外頭去說吧。」男性顧客要求Ａ走到餐廳後方，不停地責備Ａ：「說不定我已經把玻璃吞下去了。」

「這位顧客，請您立刻到醫院去就診。」儘管Ａ這麼懇求，但男性顧客聽到之後卻更加生氣。「我也是餐廳的店長，我第一次看到這麼隨便的餐廳。你們廚房一定很髒。身為同業，真是替你覺得羞恥。如果這件事被其他人知道，你們就完了。」

「事關重大，能不能請您留下聯絡方式，我和主管討論過後，再親自向您致歉。」A繼續懇求。

沒想到男性顧客竟說：「你是這間店的負責人吧？那就不用找主管來道歉了，就算你主管拿慰問金還是免費餐券給我，我也絕對不會收。」單方面的責備讓A精神飽受折磨，一心只想逃離現場。

「你要怎麼負責啊？」男性顧客不僅向店長要求賠償，還對店長說：「如果你讓我看見你的誠意，我就不會告訴其他人這件事。」

這句話讓A舉白旗投降，掏出身上所有現金（三萬圓）給對方。「我可以體會你的心情，這次就原諒你。不過，萬一下次又發生同樣的事可就糟了。所以你要好好調查，為什麼食物裡會有玻璃，要想想之後該怎麼預防。想好之後，打電話跟我報告，這是為了你好。」男性顧客遞了一張名片給A，然後就離開了。

當A打電話到名片上寫的那間餐廳，才發現他們的店長根本不是之前那位男性顧客。A被騙了。那位男性顧客根本就是騙子，玻璃一定也是他自己帶進店裡的。專門收集其他人的名片——這是騙子很常使用的詐欺手法。

A不甘心地說：「經理，對不起……我覺得很丟臉，不過還是要請您提醒其他分店的店長。」

「好，我知道了，下次店長會議，我會告訴大家餐廳最常遇到的詐欺手法有哪些。」

Point 4
預防詐欺最好的方法就是了解詐欺手法。

詐騙店家的五個攻擊模式

「正如我在開會通知上所寫，最近我們遇到詐欺的情形。」我一講完這句話，店長們的表情都變得很緊張。「跟奧客一樣，騙子會利用固定的模式向我們抱怨，騙取賠償。」接著我向店長們說明騙子的詐欺手法，通常分為五個階段。

◆第一階段：指出錯誤＝製造事端

製造「你們的食物裡有頭髮」、「你們椅子上的醬汁弄髒了我的衣服」等事端來責備店家，在這個階段，我們很難辨別真偽。

◆第二階段：威脅員工

他們會刻意強調事情的嚴重性，彷彿一發不可收拾，像是「如果讓大家知道，你們餐廳就完了」、「如果你主管知道，你一定會被開除」。這都是為了讓我們產生罪惡感，一旦陷入恐慌，自然無法做出正確的判斷。

◆第三階段：製造恐慌

謊稱要出差所以得立刻離開等，編造理由不讓員工和主管商量，逼員工立刻做出決定。這是為了讓員工失去冷靜，持續陷入恐慌。

◆第四階段：假意妥協

儘管一開始破口大罵，最後卻以「你現在給我一個交代，我就原諒你」來要求賠償。通常騙子要求的賠償，大多是員工能夠立即支付的金額。

◆第五階段：分散注意

他們會以「非常好，你的決定救了整間餐廳」等說法來稱讚。此時許多員工會覺得「對方願意既往不咎，真是太好了」，而遲遲沒有發現自己被騙了。

A日前遇到的詐欺完全符合這五個階段，我說：「我們無法瞬間辨別對方是騙子還是一般顧客，但騙子絕大部分都是以這五個階段來進行詐欺。」

Point 5

覺得不對勁的時候，一定要用『請讓我跟主管商量』等理由拖延時間，當下不要做任何決定。

千萬不能與奧客妥協

奧客有一籮筐不可思議的問題

問題一：有人不斷打電話到某連鎖餐廳客服部問問題，一問就是好幾年，而且每次的問題都一樣。重點是一開始問答都還好，但只要客服人員一說：「我已經把我知道的都告訴您了，請讓我結束這通電話。」對方就會暴怒。

當客服人員真的掛上電話，對方一定會再打來。最後實在沒有辦法，客服人員只好讓對方在聽不見任何聲音的情形下抱怨到滿意為止。當然，對方也知道沒有人在聽他說話，但他不在乎，等他講到開心就會自動掛上電話。

問題二：有人不滿意某連鎖餐廳店長的服務態度，所以寫了一封長達二十幾頁的抱怨信，內容描述當天的情形及改善的建議，並寄到總公司。據說他和客服部經理談過之後，態度出現一百八十度的大轉變，不僅稱讚經理「很有誠意」，還特別去連鎖餐廳的分店慰問員工。

不過，後來他又對那間分店有所不滿，這次不僅嚴詞批評，還要求總公司負責人親自回信給他。對方變化多端的態度讓他們非常困惑，相信之後不管他提出什麼要求，客服部都不會加以回應了。

問題三：有人會在半夜的時候打電話到餐廳說：「閉上嘴乖乖做筆記！」接著要求員工把其他餐廳門口的腳踏車移開（這間餐廳門口並沒有停放腳踏車）。或是謊稱：「三個月前你們有人打我，快給我道歉！」在門口大吵大鬧，造成四週店家的困擾。

因為他很「有名」，幾乎每個員工知道他，所以該連鎖餐廳客服部經理指示員工，禁止讓他進入店裡。據說這間連鎖餐廳客服部經理已經禁止近一百名問題顧客進入店裡，可是該連鎖餐廳的風評並沒有因此而受到影響。

Point 6

服務業以顧客至上為服務目標，可是遇到不講理的顧客，可以不用理會。

與奧客溝通，最好使用心理學的談判技巧

心理諮詢師野中聰子小姐指出，和奧客對峙時，最重要的是不能被對方牽著鼻子走。當對方提出要求時，一開始就要明確表示做得到或做不到。如果說法變來變去，就會激怒對方，讓事情變得複雜。

觀察對方的遣詞用字、肢體語言也很重要。比如說人只要對話題有興趣，身體就會向前傾；相反的，如果對話題沒有興趣，身體就會往後倒，靠著椅背。

如果對方採取後者的姿勢，就算講話時對方也會應和，還是有可能沒聽進去或是產生誤會。這時候要像談話節目那樣，再三向對方確認，「您說的『是』是這個意思嗎？」

就可以避免這種情形。

有時候，不理會對方也是一種方法。就算對方露出生氣的表情，我們也不要改變表情、音調；如果對方陷入沉默，我們也不必主動跟對方說話，可以等對方開口，五分鐘，甚至是十分鐘。沉默是談判時的武器之一，避免自己的心情受到對方影響，這算是一種心理戰。

Point 7

與顧客談判時，不要被不合理的要求所牽絆。

野中小姐表示：「有些奧客有精神方面的問題，為了填補內心的空虛，會不斷逼迫餐廳負責人給他一個交代，甚至會突然引發暴力事件。」一開始的五～十分鐘，我們可以不要先入為主地認為對方一定是這樣。不過一旦發現對方「和一般人不同」，就要改變態度，像是請其他員工陪同，以確保人身安全，並注意不要讓對方有機可趁，才能圓滿解決。

Case Study

如何對付想敲詐的奧客(一)

「讓我看見你們的誠意啊！不然我每天都會來鬧喔！」

一名半夜到餐廳消費的奧客在店裡大吼大叫，這名奧客年紀大約二十出頭，感覺像不良少年。他表示餐廳架上販售過期商品，害他吃完後，出現腹瀉的症狀。雖然我們請他立刻去看醫生，但他不願意，反而不斷恐嚇我們。重點是他手邊並沒有過期商品的包裝，我們無法確認他是不是真的購買餐廳裡的商品。

隔天，我陪他一起到醫院看診，結果醫生也無法確認商品與腹瀉是否有因果關係。但他還是對著我大吼大叫：「因為身體不舒服，所以無法上班，你們要賠償我的損失。」當然我只能一直跟他說：「我們無法賠償。」

隔天，他又到店裡來大吼大叫，但是講著講著，他突然說：「好，算了。」就離開了。離開之前，他還踢自己的車好幾下，之後就再也沒有來店裡了。（分區經理A）

客服達人這樣說

讓對方知道你不會輕易賠償

你做得很好，成功地保護員工還有其他顧客。的確，遇到不可理喻的要求，或是狀況模糊不清的時候，我們只能堅持到對方放棄為止。

當製造事端的奧客不停地在店裡罵人，罵了好幾個小時還不肯罷休，有時候我們會覺得「他乾脆出手打我算了，這樣就可以報警了……」。可是想騙取賠償的奧客，其實態度會非常冷靜，他們幾乎不會出手。因為出手不僅有可能被送到警局，說不定自己還會受傷，對他們來說一點也不划算。

Point 8

面對奧客時，我們必須以不害怕、不畏縮、不挑釁的堅毅態度，再三強調我們的立場。

聽說某連鎖餐廳客服部經理的電腦桌面是一張菩薩像，知道為什麼嗎？因為他在面對奧客不可理喻的要求時，都會以「慈悲」的心情對自己說：「雖然我沒有辦法賠他錢，但我可以奉獻我的時間。」

通常店家會答應奧客的要求，大多是覺得「與其跟他周旋下去，不如用錢解決」——奧客也心知肚明。但是只要負責人覺得「沒關係，我有大把時間，你要講多久，我都奉陪到底」，那麼奧客自然無法達成目的。

話雖如此，但我們也不能無止盡地把時間浪費在奧客身上。既然奧客不承認自己的錯誤，那我們只好明確表達自己的立場，就可以結束討論。

我一直建議員工：「如果不希望他再次來消費，就不需要跟他多說。」一旦員工覺得「他不是我們的顧客」時，再怎麼努力修復關係也沒有用。就算他再來，也只會造成我們的困擾。

要特別注意的是，不可理喻的奧客大概只佔所有顧客的0.1％～0.3％。因此我們不能因為對方語氣稍微強硬一點，就認為對方是奧客。

以前的奧客都會說：「讓我看見你們的誠意！」但最近越來越少聽見了，奧客反而比較常說：「你們要賠我！」、「你們沒有心……」從這裡可以感覺到時代的不同。

Case Study

如何對付想敲詐的奧客(二)

某分店接到一位四十歲男性打來的抱怨電話：「我打電話到餐廳，為什麼沒有回應？」

之後開始大罵：「我三個月前和我父親到你們餐廳用餐，結果食物中毒。我有去看醫生，也有通報衛生局。你們一定要到我家來道歉！」

我不曾接過那名男性的電話。但如果真的如該顧客的說法——食物中毒，我想衛生局已經介入調查了。重點是那名男性根本無法證明他們有來店裡用餐過。雖然我們可以不用理會這種人，但為了確認，我還是和店長一起到該位男性顧客家中拜訪。

對方堅稱：「反正我就是食物中毒了，你們要賠償我的損失！」當店長跟他說：「沒憑沒據的，如果我擅自賠錢給您，我會被開除。」他竟然大罵：「我管你的！」就這樣罵了一整天。

我與店長實在無法忍受，於是就離開了對方家裡，並到附近的警察局，向警方說明這件事。後來才知道那名男性已經是慣犯了，警方對我和店長說：「你們先回去吧，之後的我們來處理就好。」託警方的福，我們終於得以脫身。（分區經理A）

客服達人這樣說

如果覺得猶豫，就不要立刻做決定

除了在餐廳，奧客也會試圖在其他地方騙取賠償。發生問題的時候，如果對方表示「那間店就賠了我多少錢」，便表示對方有可能是奧客。重點是我們完全不需要理會其他店家的情形，他們是他們，我們是我們。

奧客還有一項特徵，他們強調的「點」跟一般顧客不同。當食物裡出現頭髮，一般顧客會覺得驚訝、生氣，甚至覺得是自己運氣不好（當然，這一切都是我們的錯）。但奧客不一樣，他們不會在乎食物裡的頭髮，只會認為這是員工百密一疏的失誤（很多時候都是在雞蛋裡挑骨頭）。他們反倒在意「你們公司的方針有問題」，要求我們「寫道歉信」、「叫老闆出來面對」、「找記者來」，刻意把事情鬧大。

和奧客對峙時，基本原則就是不能覺得「只要用錢解決就可以」，一定要堅持到對方放棄為止。為了避免對方一拖再拖，處理上有一個重點——不要讓對方抱有任何一絲絲的期待，以為「只要再『盧』一下，他就會賠錢了」。

當對方說：「因為這件事，我請了兩天假，你們要賠我五萬圓。」這時如果回答：「五萬圓也太多了吧。」對方就會抱有期待，開始跟你談價錢：「那不然賠一萬圓。」這時候正確做法是請對方提出醫師診斷書，至於賠償的事留待之後再說。

還有，當奧客感覺我們想要結束討論，會刻意問一些讓事情複雜化的問題，像是「你一定覺得我是奧客，想要騙錢對吧？」

回答這種問題一點意義也沒有，建議大家不要回答。如果是當面談，可以直接跟對方說：「請你（們）離開。」如果是電話，可以告訴對方：「我還有其他工作，恕我失陪。」並主動掛上電話。

最後，「如果覺得猶豫，就不要立刻做決定」——這是面對奧客最簡單的方法。比如說，你把顧客衣服弄髒，當然就要替顧客送洗，這完全不需要猶豫。但如果顧客要求你賠償五萬圓，你一定會猶豫，這時候就要先跟主管商量，之後再回覆顧客。光是這樣，就可以大幅減少奧客造成的損失。

Case Study

退休後才變成「奧客」的老先生／老太太

頑固的岳父，硬要替女婿出氣……

幾天前，有一對三十幾歲的夫婦（丈夫：A、妻子：B），帶著年約六十五歲的父親C，到店裡用餐，服務生上菜的時候，不小心把味噌湯打翻在A身上。我立刻陪A到附近的醫院就診，幸好沒有燙傷。當天我沒有收取他們的餐費，並支付當天的醫藥費與衣服送洗的費用，獲得那對夫婦的諒解。

但昨天中午，C卻打電話到店裡抱怨：「我女婿因為燙傷所以請假，之後還得去看醫生，你們要給我們一個交代！」當時打翻的味噌湯並不多，而且溫度也不高，應該不需要請假去看醫生。最重要的是，A之後都沒有跟我們聯絡。

C與女兒夫婦同住，我今天帶著點心到他們家拜訪，卻吃了閉門羹，C大罵：「我女婿在大企業上班，薪水很高，你們要賠償他的損失！」

C已經退休，之前從事總務的工作。或許是因為這樣，所以他無法接受我們的處理方法。我們該怎麼辦才好？（店長D）

客服達人這樣說

一定要勇於拒絕不適當的要求

首先，應該要先跟A、B聯絡，確認C所說是否屬實。如果C阻撓你跟A、B聯絡，也就不需要給予以回應。

之前我們曾經遇過相同的情形。當時那位顧客也說女婿為了看醫生，沒有辦法上班，所以要為女婿討個公道。但我們和他的女婿見面後，確認事實並非如此。隔天他就打電話來說不需要賠償了。我相信他的女婿也有幫忙說服他。這次的情形看來也是如此。

順帶一提，如果顧客因為去醫院就診而請假，並且開口要求：「我一年賺一千五百萬圓，所以你們要給五萬圓的賠償金。」店家其實不需要理會，因為這不符合「常識」。據說某連鎖餐廳參考汽車責任險的理賠內容（每天支付傷者四千兩百圓），來支付顧客看醫生請假的津貼。此外，也有連鎖餐廳認為請假是不需要津貼的（但兩者都會支付實際產生的醫藥費）。

另外，為什麼當事者已經原諒我們了，C卻要求賠償呢？儘管他的做法完全錯誤，但我想他是為了「想對家裡有貢獻」才這麼做的吧。以往在公司身負重任的人，退休後賦閒在家，會情不自禁地覺得「我身體還這麼硬朗，一樣可以有所貢獻」。當然這種人算是少數，但我感覺近幾年這種人越來越多。

某連鎖餐廳曾經接過一通客訴電話，感覺像是退休的男性顧客打來的。隔著話筒，聽見對方剛回到家的太太說：「你怎麼又打電話到人家公司抱怨啦？」接著電話就掛斷了。想來他一定打了許多客訴電話到不同公司吧。

退休後才變成奧客的顧客有個特徵——他們都很有精神，而且時間很多。面對這種奧客，以下兩個因應之道十分有效。

首先，處理客訴電話時要先決定時間，時間一到，就要跟對方說：「不好意思，還有其他顧客在等……」接著主動掛上電話。一般來說，三十分鐘就足以了解所有必要資訊；超過三十分鐘，內容就會不斷重複。

再者，如果對方十分頻繁地打電話到客服部抱怨，一定要跟對方說：「請您一定要直接將這些寶貴意見告訴店長，讓店長能夠改進、成長。」事實上，曾經有顧客真的這麼做，因此成為某分店的忠實顧客，甚至和店長變成好朋友呢。

Case Study

我要植牙，你們要賠償五十萬給我！

「你們的食物裡有石頭，害我牙齒差點就掉了。」

有位顧客說我們的肉丸子裡有小石頭，離開餐廳前把小石頭放在桌上。我們依照處理「異物」類客訴的原則，把引發問題的小石頭收起來。後來我深深覺得，還好我們有把小石頭收起來。

隔天，那位顧客打電話到店裡表示：「我的牙齒搖來搖去，我要去植牙。」我記得那位顧客是四十幾歲的上班族。他說：「我也不清楚，但聽說植牙要花五十萬圓……」意思是要我們負擔這五十萬圓嗎？我們有投保，萬一真的發生什麼事，可以申請理賠。但這是我們的責任嗎？

我之前就覺得這個問題會越演越烈，所以趁記憶猶新的時候，整理了一下我們和那位顧客的互動。在整理的過程中，我發現一件很不可思議的事。儘管顧客一直說：「我的牙齒搖來搖去。」卻完全沒有提到「牙齒痛」這件事，而且他那時候在店裡，看起來一點都不像是在忍耐。我們該怎麼辦呢？（店長A）

客服達人這樣說

「診斷證明」只不過是一項判斷根據

首先我請這名男性顧客提供牙醫的診斷證明。診斷證明是由醫師在印有醫院名稱的制式表格上親筆填寫，但這次我卻拿到一張普通的A4紙，而且是用電腦打字、列印而成

——讓我有點懷疑這份診斷證明是假的。接著，這份診斷證明上以八十字說明造成「牙齒搖來搖去」的原因，並以六十字說明診斷結果——有一顆牙齒鬆動。

重點是，診斷證明裡並沒有明確指出說這是店家的責任。就算顧客堅持：「我有診斷證明，都是你們的錯，快賠錢給我！」只要顧客主張的內容沒有道理，我們就不需要照單全收。因為店家有沒有責任，必須綜合當時的狀況、兩者的互動以及衛生局的調查結果來判斷。

根據A的報告，我認為這名男性顧客很有可能原本就因為牙齒鬆動，而考慮要去植牙。也就是說，他刻意製造事端。為此我開始尋找「證據」，試圖推翻他的說詞。

前幾次我和他見面時，每當我問到：「為什麼您咬到石頭的時候，牙齒都鬆動了，卻不告訴我們您的牙齒很痛呢？如果您告訴我們，我們就會立刻陪您去看醫生。」但他沒有回應。

接著，我拿出A收起來的小石頭，請他親自測量小石頭的大小。當他說：「這個石頭的直徑有5mm以上。」，我就回道：「對。可是我們在製作肉丸子的時候，最後會經過一道壓泥的程序，所有材料都要經過5mm大小的小洞，所以裡頭不可能有超過5mm以上的物體。」這句話讓對方啞口無言，從此再也沒有跟我們聯絡。

每逢三～四月、七～八月、十二月，「異物」類客訴就會增加，我們會要求所有員工注重個人清潔，工作前要徹底檢查手上是否沾有睫毛、眉毛等毛髮。據說有些連鎖餐廳為了降低「異物」類客訴發生的機率，正在考慮是否要禁止員工戴假睫毛。

此外，衛生局表示要特別注意腋毛。因為腋毛比想像要來得容易脫落，很容易引起顧客反感。只要在餐廳工作，每天都要努力保持清潔才行。

特別收錄

奧客以為有診斷證明書，店家就會賠償

醫師面談同意書

如果顧客不小心燙傷，有時我會參考前文的做法，或直接向醫師確認顧客的症狀。

醫師的診斷是非常重要的個人資訊，若是沒有獲得患者（＝顧客）的許可，醫師將無法透露我們需要的資訊。

同意書如圖所示，主要分成三部分：

①確認開立診斷內容的醫院及醫師。

②提出要求的企業及負責人。

③請在醫院接受診斷的患者（＝用餐後表示身體不適的顧客）寫上「住址」、「姓名」、「出生年月日」、「健保卡號碼」並簽名蓋章。

同意書

①

②

ＡＢＣ醫院　日經太郎醫師

本人同意台端為〇〇〇公司及其指定第三人（保險公司等）進行下列事項：

①說明本人傷病原因、症狀及診斷內容。

②提出與本人傷病有關之診斷書、診斷費用明細表等，供其閱覽或複印。

③提供本人傷病之診斷記錄、檢查資料之影本。

本同意書如經影印，仍具相同效力。

謹此

住　　址　**東京都港區白金 1-17-3**

姓　　名　**水野△男（蓋章）**　③

出生年月日　**1973 年 1 月 1 日**

健保卡號碼　**X123456789**

客訴專家講座速成班（二）

圓滿解決客訴的訣竅——事後不後悔的七大重點

Q1：有沒有迅速解決客訴的祕訣？

A1：不要想迅速解決就沒事了。

顧客能夠看透我們的想法，所以越是想迅速解決，就會拖得越久。但如果你覺得只要顧客願意原諒你，那你可以誠心道歉三次、四次，多少次都無所謂，這樣一來，反而可以立刻解決。因為顧客感受到了你的誠意。

Q2：在什麼情形下客訴會越演越烈？

A2：如果一開始沒有處理好，就會越演越烈。

客訴發生時，絕大部分是因為店長不在現場，而其他人不知道應該要怎麼處理。在這種情形下，客訴就會越演越烈。為了避免這種情形，不管店長在不在店裡，發生任何事都要立刻向店長報告。

有時候店長其實在店裡，但是待在廚房裡，所以沒有注意到外場的事，因而激怒顧客：「這間店是怎麼回事？」或者是因為總公司不知道分店發生了什麼事，導致顧客認為不受重視而生氣。所以不管店裡發生什麼事，一定要先向店長報告，店長再向總公司報告。這個報告、聯絡、討論的機制非常重要。

Q3：決定賠償之後，需要注意哪些事情？

A3：不要只想著用錢來解決，一定要親自面對。

賠償金額沒有明確標準，會因為不同行業、不同型態、不同公司、不同情形而改變。但要注意的是，不可以「過度」賠償。

比如說，如果顧客衣服出現汙損，基本上就是將衣服送洗，並且恢復原貌。如果需要為顧客代購替換衣物，在歸還原本衣物時，記得取回替換衣物。賠償不能成為一種避免方法，我們必須學習親自面對。

我們造成顧客的困擾，有些顧客會說「你們的誠意就只有這樣嗎？」、「浪費我這麼多時間，你們要給我一個交代」……但如果答應每個要求，那會沒完沒了，所以一開始就要決定賠償金額的範圍，並明顯表示：「我們最多只能做到這樣。」

Q4：網路上出現負面評論，該怎麼辦？

A4：基本上要視而不見，但一定要保護員工。

很少人會認真看待網路上的匿名言論，就算網路上出現不實誹謗，基本上視而不見就好。因為萬一沒處理好，回應說不定會讓對方更激動。但如果對方指名道姓地批評員工，有可能會侵犯員工的人權，這時候就要採取保護員工的行動，請負責人代為刪除。

Q5：顧客打電話來抱怨，需要注意哪些事情？

A5：因為看不見對方，所以要注意三個細節。

①想像對方就在自己面前

因為看不見對方，有時候會很難理解顧客為什麼生氣，或者很難讓顧客感受到自己的誠意。因此，我們要想像對方就在自己面前，低頭向對方道歉。低不低頭，會影響我們講話的音調。

②不要忘了按「保留」鍵

有時候顧客會聽見接電話的人說「店長，有人打電話來抱怨」而大為光火，因此千萬不要忘了按「保留」鍵！

③記得確認5W1H

接電話的時候一定要記得確認「誰？什麼時候？在哪裡？為什麼？發生什麼事？之後如何處理？」在容易起爭執的狀況下，記得一定要錄音。

Q6：如果顧客忘了把手錶、手機帶走，店家要替顧客保管嗎？

A6：一定要詳細記錄，什麼時候發現的？誰發現的？

顧客最常忘記帶走的物品就是手機。有時候我們為了想知道失主是誰，而擅自操作手機，但如果不小心刪除重要的資料，可能引起更大的麻煩。

此外，如果員工沒有確實交接，有可能發生顧客打電話來詢問時，A員工答應替顧客保管，但顧客來拿的時候，B員工卻對顧客說不知道這件事。這時候，顧客就會生氣。

為了避免這些情形發生，我們一定要遵守管理失物的原則。一旦發現顧客忘記把物品帶走，就要詳細記錄「誰？什麼時候？在哪裡？撿到什麼？之後如何處理？」而且記得要和其他人一起確認，這不只是為了詳細記錄，也是為了避免員工順手牽羊。

Q7：面對奧客時，需要注意哪些事情？

A7：一定要記得「四不」原則。

①不要一味忍耐，立場要堅定

面對奧客，我們的立場一定要堅定。如果對方大聲威脅、出手打人，使員工或其他顧客陷入危險，就要報警處理。堅定，並不等於忍耐。對方是恐嚇高手，我們不需要打腫臉充胖子，就算覺得害怕也沒關係。就是因為害怕才會報警處理，請警方保護我們。若顧客在店裡大吵大鬧，造成其他顧客離開，那就是妨礙業務——就算對方是顧客，我們也要據理力爭。

②就算是自己的責任，也不要獨自煩惱

請大家不要覺得是自己的責任，而不跟警方商量，不必害怕覺得「造成對方的困擾」和「被對方恐嚇」，而一個人默默地煩惱，要分開處理。

③沒必要寫道歉信

有時候對方會說：「你寫道歉信，我就原諒你。」但通常寫了道歉信，對方就會要求鉅額賠償。如果在情非得已的狀況下被迫寫了道歉信，之後一定要和公司、警方商量。

④不要私下賠償對方

如果對方說：「我不會跟你的主管說」、「只要你給我一點錢，我就原諒你。」一定要以「公司禁止我們這麼做」等理由加以拒絕。

國家圖書館出版品預行編目資料

叫你們店長過來：萬名店長「解決奧客」終極密技／外食
相談研究會著；賴庭筠譯 — 初版 — 台北市：日月文化
（寶鼎出版），2012.10；208面；14.7x21公分
譯自：どうしてくれる!?店長1万人のクレーム対応術—37
のトラブルから学ぶクレーム対応術

ISBN 978-986-248-286-5（平裝）
1顧客關係管理 2.顧客服務 3.餐飲業

496.5   101016177

叫你們店長過來：萬名店長「解決奧客」終極密技

作　　者：外食相談研究會
譯　　者：賴庭筠
主　　編：劉榮和
責任編輯：李欣珺
封面設計：高茲琳
版面設計：張天薪
排　　版：健呈電腦排版公司

發 行 人：洪祺祥
第一編輯部總編輯：林慧美
法律顧問：建大法律事務所
財務顧問：高威會計師事務所

出　　版：日月文化出版股份有限公司
製　　作：寶鼎出版
地　　址：臺北市信義路三段151號8樓
電　　話：(02)2708-5509
傳　　真：(02)2708-6157
客服信箱：service@heliopolis.com.tw
網　　址：www.ezbooks.com.tw
郵撥帳號：19716071 日月文化出版股份有限公司

總 經 銷：聯合發行股份有限公司
電　　話：(02)2917-8022
傳　　真：(02)2915-7212
印　　刷：禾耕彩色印刷事業股份有限公司
初　　版：2012年10月
初版七刷：2014年 9月
定　　價：260元
ISBN：978-986-248-286-5